川东基底断裂特征
及其对盖层构造的影响

李 根 著

本书数字资源

北 京
冶金工业出版社
2025

内 容 提 要

本书依托最新的重力、航磁、地震和钻井等多源数据，结合既往研究成果，采用平衡剖面及物理模拟技术，深入探讨了川东基底断裂的分布特征及其活动演化历程，内容涵盖川东基底结构、基底断裂空间分布、基底断裂活动的地质演变，以及基底断裂如何影响盖层构造等方面。通过对地层残余厚度的详细分析，结合区域地质资料与物理模拟正演方法，解析了不同地质时期川东的地质构造状况，并讨论了基底断裂对盖层构造的影响。本书内容涉及的有关研究对川东地区的油气勘探具有一定的参考价值。

本书可供地质、油气勘探等工作的科研人员和工程技术人员阅读，也可供高等院校相关专业的师生参考。

图书在版编目（CIP）数据

川东基底断裂特征及其对盖层构造的影响／李根著.
北京：冶金工业出版社，2025.6. -- ISBN 978-7-5240-0231-4

Ⅰ.P542

中国国家版本馆 CIP 数据核字第 20250F6B57 号

川东基底断裂特征及其对盖层构造的影响

出版发行	冶金工业出版社	电　话	（010）64027926
地　址	北京市东城区嵩祝院北巷 39 号	邮　编	100009
网　址	www.mip1953.com	电子信箱	service@mip1953.com

责任编辑　王雨童　美术编辑　吕欣童　版式设计　郑小利
责任校对　梅雨晴　责任印制　范天娇
北京印刷集团有限责任公司印刷
2025 年 6 月第 1 版，2025 年 6 月第 1 次印刷
710mm×1000mm　1/16；10.5 印张；200 千字；155 页
定价 **78.00** 元

投稿电话　**（010）64027932**　投稿信箱　**tougao@cnmip.com.cn**
营销中心电话　**（010）64044283**
冶金工业出版社天猫旗舰店　**yjgycbs.tmall.com**
（本书如有印装质量问题，本社营销中心负责退换）

前　　言

在地质学的广阔领域中，基底断裂与盖层构造的研究一直是揭示地壳演化、理解油气资源分布规律的重要课题。四川盆地，作为中国西部的重要构造单元，其东部区域——川东，更是因其复杂的地质构造和丰富的油气资源而备受瞩目。本书正是在这一背景下应运而生，旨在通过系统的研究与探讨，揭示川东基底断裂的特征及其对盖层构造演化的深刻影响，为油气勘探与开发提供坚实的理论基础与实践指导。

川东，地处扬子板块西部，是扬子板块内的重要变形区。其构造特征独特，发育了一系列背斜和向斜相间的侏罗山式褶皱，形成了宽广的弧形构造带。川东地区的地质构造复杂多变，基底断裂发育，盖层褶皱显著，是研究地壳演化与油气资源分布规律的理想场所。基底断裂作为地壳内部的重要构造现象，不仅记录了地壳演化的历史，更对盖层构造的发育和演化产生了深远的影响。因此，在川东地区，基底断裂的发育特征、活动演化及其对盖层构造的影响，一直是地质学家关注的焦点。通过对这些问题的深入研究，不仅可以揭示地壳演化的奥秘，还可以为油气勘探与开发提供更为准确的地质预测和有效的勘探策略。基于此，本书选择"川东基底断裂特征及其对盖层构造的影响"作为研究主题，具有重要的科学意义和实际应用价值。

本书主要阐述了基底断裂的研究进展，介绍了川东地质概况，剖析了川东基底断裂分布、活动演化及其对盖层构造的影响。全书共 6 章，第 1 章介绍了本书的研究意义，阐述了基底断裂展布、活动演化及其对盖层构造影响的研究进展。第 2 章介绍了川东地区的构造背景、地层发育、不整合面特征、滑脱层分布以及区域构造演化历程。第 3 章介绍了川东基底在重力异常、航磁异常、速度结构等方面的地球物理特征，以及其横向分区与纵向分层特征。第 4 章依据基底断裂的地球物理、地表构造和地震反射响应，介绍了川东基底断裂分级、分布特征。第 5 章通过平衡剖面详细分析了川东基底断裂在各地质时期的活动特征。第 6 章详细介绍了川东基底断裂对盖层构造的影响，着重通过构造物理模拟实验分析了基底断裂对川东弧形构造的影响。

尽管本书在川东基底断裂特征及其对盖层构造的影响方面取得了一定的研究成果，但仍有许多问题和挑战需要进一步深入研究与探讨。例如，基底断裂的三维建模、基底断裂活动演化的数值模拟、基底断裂对油气资源分布规律的影响等方面的研究，仍需要更多的数据和更先进的技术手段来支持。未来，我们将继续深化对川东基底断裂特征及其对盖层构造的影响的研究，不断探索新的研究方法和手段。

本书内容涉及的有关研究得到了毕节市科学技术局科学技术联合基金项目"四川盆地关键不整合面特征及其构造意义研究"（毕科联合〔2025〕17 号）、国家"十三五"科技重大专项"四川盆地乐山龙女寺古隆起下古生界—震旦系油气成藏演化与富集规律研究"（2016ZX05004-005-002）专题、"十三五"科技重大专项"四川盆地深层构造层系的晚期构造作用改造研究"（2017ZX05008-001-006）任务、贵州省教育厅高等学校自然科学研究项目（青年科技人才成长项目）"基于数值模拟探讨泸州–赤水地区志留纪构造演化过程"（黔教技〔2024〕255 号）的资助，在此表示衷心的感谢。

此外，本书在编写过程中，参考了有关学者所发表的学术论文、出版的专著及教材，这些宝贵资料构成了本书坚实的理论基础与知识支撑。在此，向所有为本书提供灵感与指导的学者们致以最真诚的感谢与崇高的敬意。作者衷心感谢在研究过程中给予指导与启发的导师与同行，感谢在资料收集、数据整理等环节付出辛勤努力的同仁们，更要感谢家人的理解与默默支持，是你们的陪伴与鼓励，让这段充满挑战与收获的旅程变得更加温暖而有意义。

本书的出版，是作者对川东基底断裂特征及其对盖层构造的影响研究成果的一次总结和展示。作者衷心希望本书的出版能够为相关领域的研究者、从业者及爱好者提供一份有价值的参考和借鉴，共同推动地质学领域的研究与发展。同时，作者也期待广大读者批评指正，共同探讨，携手前行，在地质学的广阔天地中不断探索未知，创造更加辉煌的未来。

李　根

2024 年 11 月

目　　录

1 绪 论

1.1 研 究 意 义

盆地因蕴含丰富的地质演化信息，成为地质学领域的研究焦点，也是地球系统科学中不可或缺的组成部分。在深入探索时，盆地的基底与盖层作为两个紧密相连的组成部分，其相互作用与关联性不容忽视。因此，盆地研究需将这两者视为一个整体进行综合考量。四川盆地，作为青藏高原东缘的显著克拉通盆地（贾承造 等，2005），其东部复杂的构造变形区即是本书探讨的区域。

从区域地质的视角审视，发育于不同地质时期的基底断裂在塑造构造格局方面扮演着至关重要的角色。它们不仅是划分不同构造单元的边界，还是地质各阶段区域性岩相变异、构造线分布及构造区划的关键界限。依据现有的研究成果，四川盆地内存在多条基底断裂，这些断裂决定了区域地质构造的差异性，并对古陆演变及构造格局的发展产生了重要影响。在川东地区，地质历史记录显示该区域经历了多次构造运动。此区域内正向与负向构造单元的形成与演化过程极为复杂，而基底断裂很可能在多个时期主导了沉积盖层的构造格局。

从油气地质的角度来看，对盆地基底的研究是揭示盆地深部地质结构、明确基底与沉积盖层之间复杂关系的重要途径，进而帮助我们全面理解盆地的整体构造特征、演化历程及油气资源的生成与聚集机制。近年来，随着我国页岩气勘探与开发技术的不断进步，相关研究已步入商业化发展的新阶段，其中川东地区凭借其独特的地质条件，已成为我国页岩气勘探开发的重要示范区域。在这一地区，页岩气勘探工作取得了显著突破，特别是涪陵焦石坝页岩气田，其探明的地质储量高达 $1067.5 \times 10^8 \text{ m}^3$（金之钧 等，2016）。这一重大发现不仅丰富了我国的能源储备，也为页岩气的商业化开发提供了宝贵的实践经验。

为了进一步提升气藏的发现效率，从而提高勘探开发的经济效益，对川东地区整体的地质结构和构造演化进行更为深入、系统的研究显得尤为重要。这不仅有助于我们更准确地预测油气资源的分布规律，还能为后续的勘探开发工作提供科学指导，推动我国页岩气产业的持续健康发展。

1.2 研 究 进 展

基底断裂是深断裂的一种，其概念由张文佑等人提出（1978），指纵向上可切穿硅铝层，直达康拉德界面的一类断层。狭义上，在克拉通分布地区，基底断裂是指发育在褶皱基底或结晶基底中切割深度比较大的断裂，可切入沉积盖层，但不一定穿透康拉德界面。目前，关于基底断裂的研究主要分为三个方面：（1）基底断裂展布；（2）基底断裂活动演化；（3）基底断裂对盖层构造的影响。

1.2.1 基底断裂展布

基底断裂作为地壳内部的重要构造，其规模通常较大，导致断裂两侧的物质存在差异，并且活动过程中常伴有岩浆活动。这些特性在地球物理场中表现显著，尤其是在磁异常中。航磁技术能够捕捉这些磁场变化，是识别基底断裂的首选方法之一（Anyanwu and Mamah，2013；Awoyemi et al.，2016；Kolawole et al.，2018；Vasconcelos et al.，2019）。重力异常则能够揭示地壳密度分布的不均匀性，从而成为另一种有效的基底断裂识别手段（包茨 等，1985；罗志立，1998；赵俊猛 等，2008；周稳生，2016）。然而，重力和磁异常数据主要提供基底断裂的大致位置和方向信息，即实现定带和定向识别。随着地震勘探技术的不断提升，地震识别方法逐渐成为刻画基底断裂细节的重要手段（王英民 等，1991；Castro et al.，2012；Claringbould et al.，2017；Vasconcelos et al.，2019）。与其他地球物理方法相比，地震数据能够更精确地定点识别基底断裂的位置。因此，结合重力、磁异常数据和地震数据，可以更为准确地约束基底断裂的展布。此外，地表构造的展布也为基底断裂的识别提供了线索（张亮鉴，1985；Castro et al.，2012）。在基底与盖层强耦合的情况下，基底断裂能够切入沉积盖层，通过盖层中地震标志层的错断现象可以有效识别基底断裂。然而，当基底与盖层之间存在软弱界面时，基底断裂可能并不直接切入盖层，而是在盖层中形成断层传播褶皱，盖层内还可能发育与基底断裂无直接联系的离散断层（Withjack and Callaway，2000；Gabrielsen et al.，2016；Ge et al.，2017；Hardy，2018；Roma et al.，2018）。基底断裂的识别是一个复杂的过程，需要综合运用多种地球物理和地质学方法进行分析。本书通过磁异常、重力异常、地震资料及地表构造的详尽分析，旨在更全面且精确地揭示基底断裂的分布特征。

学者们普遍认为川东地区的基底断裂主要呈现为北西—南东向和南西—北东向两组，同时，在重庆地区还分布有少量的南—北向基底断裂（包茨 等，1985；张亮鉴，1985；王英民 等，1991；罗志立，1994；宋鸿彪和罗志立，1995；汪泽成 等，2008；何登发 等，2011；谭秀成 等，2012；周稳生，2016；李洪奎，

2020；Li et al.，2022）。在这些基底断裂中，华蓥山断裂和齐岳山断裂尤为关键，广泛受到学者们的关注。华蓥山断裂带是四川盆地内规模最大、延伸约460 km的断裂带，北起原达县（今达川区）北部、南至宜宾南部，地表主要出露于背斜轴部或陡翼（王赞军 等，2018），深部则存在华蓥山基底断裂（郭正吾等，1996；周荣军 等，1997；汪泽成 等，2002；Li et al.，2022）。齐岳山断裂在空间上呈间断延伸，呈现"S"形展布的东北走向断裂，整体上表现为分段式结构（魏峰 等，2019；庹秀松 等，2020），可分为三段，中段和南段在南川地区被一条南—北向的基底断裂分割（Li et al.，2020）。该断裂分隔了川东隔挡式褶皱带和鄂西隔槽式褶皱带（丁道桂 等，1991；颜丹平 等，2000；冯向阳 等，2003；Yan et al.，2003）。尽管前人已经对川东基底断裂的分布进行了广泛的研究，但在除华蓥山断裂和齐岳山断裂之外的其他基底断裂上，仅对其走向达成了共识，而对于这些基底断裂的具体位置，尚需进一步地深入探索和研究。

1.2.2 基底断裂活动演化

基底断裂在沉积盖层发育期间的活动形式主要有两种：一是"显性"活动，即基底断裂活动对沉积盖层的厚度、变形和变位有明显的控制作用；二是"隐性"活动，即虽然基底断裂活动造成的落差使上覆沉积层的变形、变位并不明显，但是基底断裂的小幅度活动仍然使基底断裂带分布区成为河道砂的主要发育部位（赵文智 等，2003）。若基底断裂的活动形式为"显性"活动，对正断层和逆断层活动与否的判断，最直接的方法就是分析断层上下盘的地层厚度变化（Withjack and Callaway，2000；Phillips et al.，2016；Ge et al.，2017；Xu et al.，2018）。断层相关褶皱理论表明，褶皱的形成伴随着断层的活动，因此也可通过盖层中断层相关褶皱的发育判断基底断裂是否活动（Withjack and Callaway，2000；Rotevatn and Jackson，2014；Wang et al.，2018；Gray et al.，2019）。平衡剖面技术作为研究盆地构造演化的关键方法，能够有效解析沉积厚度变化和盖层构造变形过程，从而准确分析基底断层活动的期次（Lin et al.，2015；Vasconcelos et al.，2019；董敏 等，2019）。此外，也有学者通过盖层中的小断层、沉积相、地层厚度与基底断裂的分布关系（赵文智 等，2003；胡素云 等，2006；汪泽成 等，2008；谭秀成 等，2012；Perron et al.，2018；李洪奎，2020），判断基底断裂是否为"显性"活动。若基底断裂表现为平移断层，在剖面上可以通过寻找花状构造，判断其活动性（Tang et al.，2014；苏桂萍，2021）。若基底断裂是"隐性"活动，可通过盖层中裂缝和河道砂的发育进行判断（赵文智 等，2003；汪泽成 等，2005）。本书专注于运用平衡剖面技术对基底断裂的"显性"活动进行深入且系统的分析。

对川东基底断裂活动演化研究的历史可追溯至20世纪，其中华蓥山断裂和齐岳山断裂一直是研究的焦点。特别是关于华蓥山断裂的研究，已经积累了丰富的成果。众多学者普遍认为，华蓥山断裂在多个地质构造期均有活动记录（何天华，1981；童崇光，1992；宋鸿彪和罗志立，1995；罗志立，1998；谢建磊 等，2006；杨蓉 等，2010；李洪奎，2020；Li et al.，2022）。在二叠纪和晚侏罗世—第四纪，华蓥山断裂的活动性得到了较为一致的认识。二叠纪时，该断裂经历了张裂活动，并伴有玄武岩的喷溢（宋鸿彪和罗志立，1995；罗志立，1998；李洪奎，2020；Li et al.，2022）。晚侏罗世—第四纪，以压性活动为主（宋鸿彪和罗志立，1995；罗志立，1998；谢建磊 等，2006；李洪奎，2020；Li et al.，2022），并在喜马拉雅期局部发生了走滑活动（杨蓉 等，2010）。然而，关于华蓥山断裂在其他地质时期的活动性，目前尚未形成统一的认识，特别是其反转时限仍存在争议。部分学者认为，寒武纪至晚三叠世，华蓥山断裂表现为多期活动的正断层，晚侏罗世时发生反转（李洪奎，2020；Li et al.，2022）。而另一些学者则认为，华蓥山断裂在印支期发生反转（宋鸿彪和罗志立，1995）。齐岳山断裂在中生代—新生代也经历了多期活动，以压性活动为主，局部发生过走滑活动（柏道远 等，2015；张小琼 等，2015；魏峰 等，2019；Li et al.，2020；庹秀松 等，2020）。针对川东褶皱带内部基底断裂活动性的研究仍处于探索阶段，且主要集中于震旦纪—志留纪和二叠纪（谭秀成 等，2012；谷志东 等，2016；李洪奎，2020；Li et al.，2022）。

尽管前人对川东基底断裂的活动演化进行了诸多研究，但这些研究主要聚焦于华蓥山断裂和齐岳山断裂这两条边界断裂，而对川东内部基底断裂的研究则相对匮乏。在时段上，除了对华蓥山断裂有较为全面的研究外，其他基底断裂的研究大多局限于特定的地质时期，缺乏对整个川东盖层演化阶段的系统性探讨。此外，关于华蓥山断裂在某些时期的活动性质，为正断层、逆断层或平移断层，目前学界尚未形成统一的认识。

1.2.3　基底断裂对盖层构造的影响

基底结构的作用早在 20 世纪 50~60 年代就已受到学者的关注。当时，研究者首先认识到断裂带的发育和后期活化具有继承性（Hoppin et al.，1965），之后发现基底断裂可以影响并决定盆地整体结构与构造演化（Onyedim et al.，2009；Okonkwo et al.，2012）。近年来，国际上关于基底断裂对盖层构造影响的研究成果不断涌现。对裂陷盆地断裂系统的研究表明，基底断裂对其构造演化具有重要影响，无论是继承性发育至新构造运动期，还是新生断裂的形成与演化（Morley，1999；Morley，2002；Morley et al.，2004）。基底断裂的复活标志着大陆裂谷第一阶段的开始（Reston，2005；Claringbould et al.，2017），对裂谷的初始几何形态和构造分区起着至关重要的作用，控制着裂谷系统的主要沉积中心

（Modisi et al.，2000；Phillips et al.，2016；Kolawole et al.，2018），且在盆地后裂谷期可能仍有活动（Holdsworth et al.，1997；Vincenzo et al.，2013），尤其是反转期的复活对盆地构造影响巨大（Marques et al.，2014；Lin et al.，2015；Nogueira et al.，2015；Whitney et al.，2016）。此外，还有大量研究发现基底断裂对局部断裂的发育有影响（Morley，1999；Phillips et al.，2016；Kolawole et al.，2018），控制盖层断裂的分段和连接（Morley，1999；Heilman et al.，2019）。先存基底断裂还可能改变局部应力场（Tingay et al.，2010）。在被动大陆边缘地区，基底断裂活化对沉积盖层也有重要影响（Zitelline et al.，2004；Bezerra et al.，2014；Whitney et al.，2016；Hassan et al.，2017）。虽然克拉通盆地位于较稳定的克拉通内部，但此类盆地的基底形成之后也可能经历再活化过程且影响盖层的构造演化，例如：（1）塔里木盆地中的一些基底断裂长期活动，控制着盆地的沉积和沉积盖层断层的发育（Tang et al.，2014；Lin et al.，2015），其基底的变形也控制着盆地内一些隆起的形成（Tong et al.，2012）；（2）鄂尔多斯盆地内的先存基底脆弱带对后期裂谷体系的发育起了重要作用（Wang et al.，2021），北部的泊尔江海子断裂对构造、沉积和天然气聚集具有控制作用（Xu et al.，2018）；（3）刚果盆地内的基底隆升影响了裂谷带和隆起带的构造发育（Chen et al.，2021）。

　　早在 20 世纪，就有学者认识到基底断裂对四川盆地的构造演化有重要影响（何天华，1981；徐世荣和徐锦华，1986；童崇光，1992；宋鸿彪和罗志立，1995；罗志立，1998）。四川盆地基底是具有显著非均一性的拼合体，四川克拉通是在早期由岩石圈块体通过组合而形成的拼接体。在后期复杂的构造演化过程中，早期的韧性断裂带和基底断裂体系对盆地的形成与演化起到了重要作用（罗志立，1998）。

　　川东地区基底断裂的活动控制了中寒武世龙王庙期、泥盆纪—石炭纪和晚二叠世长兴期的构造-沉积格局。基于四川盆地龙王庙组岩相古地理和地层厚度与基底断裂展布的关系，发现龙王庙组岩相、岩性和厚度受控于基底断裂的活动（李洪奎，2020）。二叠纪沉积前的古地质轮廓显示，泥盆系—石炭系一般局限于华蓥山断裂以东，明显受华蓥山断裂同期活动的控制（何天华，1981；徐世荣和徐锦华，1986）。晚二叠世时期，由于张性基底断裂的影响，形成了台-槽相间的构造格局（谭秀成 等，2012；李洪奎，2020）。二叠纪华蓥山断裂的张裂活动还使岩浆上涌并侵入沉积岩中或喷出地表，在川东北部的达州地区发育形成了玄武岩和辉绿岩（马新华 等；2019）。

　　此外，基底断裂对乐山-龙女寺古隆起和宣汉-开江古隆起的形成演化也有控制作用。寒武纪—志留纪，华蓥山断裂表现为正断层，其控制了乐山-龙女寺古隆起东边界的局部地区，断裂以东发育凹陷（李洪奎，2020；Li et al.，

2022)。晚震旦世—早寒武世，宣汉-开江东南边界受控于发育的基底断裂（谷志东 等，2016）。

川东地区高陡构造的形成也受到基底断裂的影响。加里东期—海西期发育了多条主体为北东走向的张性基底断裂，为川东断褶带"隔挡式"构造的形成奠定了基础。印支期—喜马拉雅期挤压应力集中于基底断裂，导致其反转，并控制了川东褶皱带的形成（邹玉涛 等，2015）。来自雪峰山方向的挤压应力，通过川东地区的变形及华蓥山断裂活动，导致应力释放，对川中地区几乎无影响。因此川东褶皱带的发育被限制在华蓥山断裂以东（汪泽成 等，2008；王平 等，2012）。此外，川东和鄂西地区的构造样式的明显差异也受齐岳山断裂活动的影响（徐汀滢 等，2012；魏峰 等，2019）。

综上所述，关于川东基底断裂对盖层构造影响的研究，目前主要聚焦于华蓥山断裂和齐岳山断裂这两条关键性的断裂带上。这两条断裂带因其显著的构造特征和重要的地质意义，成为学术界研究的热点。然而，对于川东构造带内的其他基底断裂，研究则相对较为零散，且主要集中于某些特定的地质阶段。尽管这些研究为我们揭示了部分基底断裂对盖层构造的局部影响，但整体上，对于川东构造带内基底断裂的全面认识和系统性研究仍然不足。因此，本书深入地探索这些基底断裂的构造特征、活动历史及其对盖层构造的深远影响，以期为更全面地理解川东地区的构造演化提供更为坚实的科学依据。

2　区域地质概况

2.1　区域构造背景

华南克拉通由西北的扬子地块和东南的华夏地块组成（Yan et al.，2003；Zhao and Guo，2012），四川盆地是一个在扬子地块上发育起来的叠合盆地（李洪奎 等，2019），但其长期处于冈瓦纳大陆与劳亚大陆之间的过渡转换部位（任纪舜，1994；Ren，1996，Li et al.，2006），表现出强烈的构造活动性。四川盆地与松潘–甘孜地块之间被北东向的龙门山构造带分隔，北部则紧邻米仓山–大巴山构造带，并隔秦岭造山带与华北板块遥相呼应。在西南方向，四川盆地延伸至小江断裂带，而东南部则以齐岳山断裂为界。这一盆地广袤无垠，现今的面积约为 $18×10^4\ km^2$（见图 2-1）。川东高陡构造带是一个位于四川盆地东部，华蓥山断裂和齐岳山断裂之间，向西北凸出的弧形构造带（Gu et al.，2021），面积

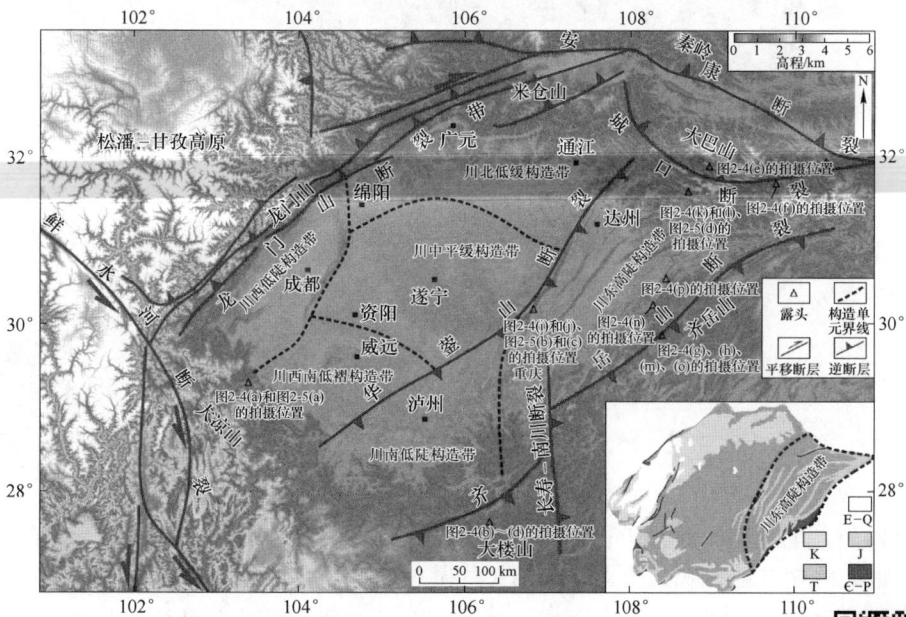

图 2-1　四川盆地构造分区及周缘构造区划图
（图中插图为四川盆地地质图，据 1∶20 万地质图编制）

图 2-1 彩图

约为 $4.7×10^4\ \mathrm{km}^2$，是四川盆地内变形最强烈的地区（梅廉夫 等，2010；刘树根等，2016a），并发育了背斜窄、向斜宽的隔挡式褶皱（见图 2-1）。

2.2　区域地层概况

基于钻井、野外露头和前人研究成果，本书对川东褶皱带的地层进行了整理。川东地层系统包括前震旦系基底层和震旦系—第四系盖层沉积层。地表主要出露三叠系和侏罗系，呈长条状的三叠系构成了褶皱核部，侏罗系广泛发育于向斜区。古生界地层分布较少，除华蓥山褶皱核部出露少量的寒武系—二叠系外，仅方斗山核部有部分二叠系出露（见图 2-2）。

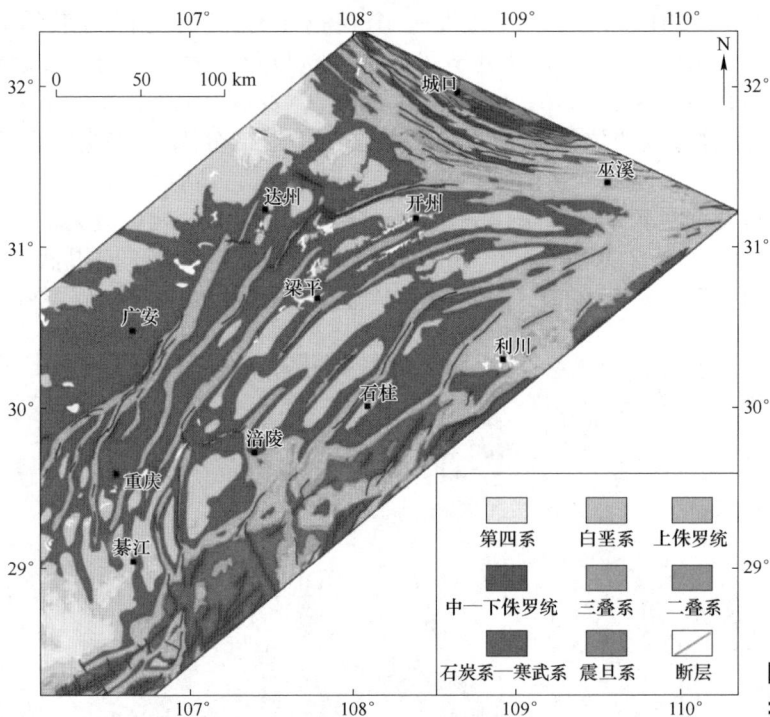

图 2-2　川东地质图
（据 1∶20 万地质图编制）

图 2-2 彩图

四川盆地盖层的演化历程主要分为海相盆地和陆相盆地两个时期，震旦纪—中三叠世为海相盆地，晚三叠世—第四纪为陆相盆地。在震旦纪—中三叠世，盆地沉积主要以海相白云岩、灰岩、泥岩、砂岩、粉砂岩和膏盐岩等为主。加里东运动造成的抬升剥蚀，使泥盆系和下石炭统大面积缺失。中三叠世末的早印支运动造成盆地大范围隆升，由海相变陆相。晚三叠世起，在海相盆地的基础上发育出陆相地层，包括上三叠统—第四系的泥岩、页岩、砂岩、粉砂岩和砾岩等（见图 2-3）。

界	系	统	组	代号	厚度/m	岩性柱	岩性描述	滑脱层	构造运动
Kz	Q						砂岩，砾岩		喜马拉雅运动
	K						泥岩，砂岩		燕山运动
Mz	J	J_3	蓬莱镇组	J_3p	1200~1820				
			遂宁组	J_3s	200~400				
		J_2	沙溪庙组	J_2s	50~1500		红色或紫红色砂岩，粉砂岩或泥岩		
			新田沟组	J_2x					
		J_1	自流井组	$J_{1-2}zl$	0~450		灰色页岩或细砂岩，灰岩或介壳灰岩		
			珍珠冲组	J_1z			灰色细砂岩，粉砂岩或红色泥岩		
	T	T_3	须家河组	T_3xj	420~550		海-陆过渡相细砂岩或泥岩		印支运动
		T_2	雷口坡组	T_2l^4	250~450				
				T_2l^3	280~450		膏盐岩，灰色粉砂岩或白云质页岩	盖	
				T_2l^{1-2}	145~220				
		T_1	嘉陵江组	T_1j^{4-5}	270~370		灰岩，白云岩，粉砂岩，膏盐岩或白云石灰岩		
				T_1j^{1-3}	300~590				
			飞仙关组	T_1f^4			礁滩相，以中鲕粒亮晶灰岩为主		
				T_1f^{1-3}	400~600				
Pz	P	P_3	长兴组	P_3ch	50~200		台地边缘生物碎屑白云岩或生物碎屑灰岩		东吴运动
			龙潭组	P_3l	50~200				
		P_2	茅口组	P_2m	200~300		灰色泥晶灰岩或含粒泥晶灰岩		
			栖霞组	P_2q	100~150				
		P_1	梁山组	P_1l	0~10				云南运动
C	C_2		黄龙组	C_2hl	0~500		颗粒白云岩夹角砾岩	层	加里东运动
	S	S_2	韩家店组	S_2h			灰绿色页岩和粉质页岩		
		S_1	小河坝组	S_1x	0~1500		粉砂岩		
			龙马溪组	S_1l			灰色页岩和碳质页岩		
	O	O_3	五峰组临湘组	O_3					
		O_2		O_2m	0~600		灰岩，泥灰岩，生物碎屑灰岩或鲕粒灰岩		
		O_1		O_1					
	∈	$∈_3$	洗象池组	$∈_3x$	220~420		灰黑色结晶白云岩		
		$∈_2$	高台组	$∈_2g$			膏盐岩和白云岩		
		$∈_1$	龙王庙组	$∈_1l$	200~700				
			沧浪铺组	$∈_1c$	65~300		灰色砂岩，粉砂岩，泥岩		
			筇竹寺组	$∈_1q$	400~900		灰色砂质页岩		
	Z	Z_2	灯影组	Z_2dn	200~1100		藻白云岩		桐湾运动
		Z_1	陡山沱组	Z_1d	0~420		灰岩，碳质页岩		
	FreZ			Anz			岩浆岩和变质砂岩	基底	澄江运动

| 页岩 | 泥岩 | 砂岩 | 砾岩 | 膏盐岩 | 灰岩 | 泥灰岩 | 鲕粒灰岩 | 白云岩 | 岩浆岩 | 变质砂岩 |

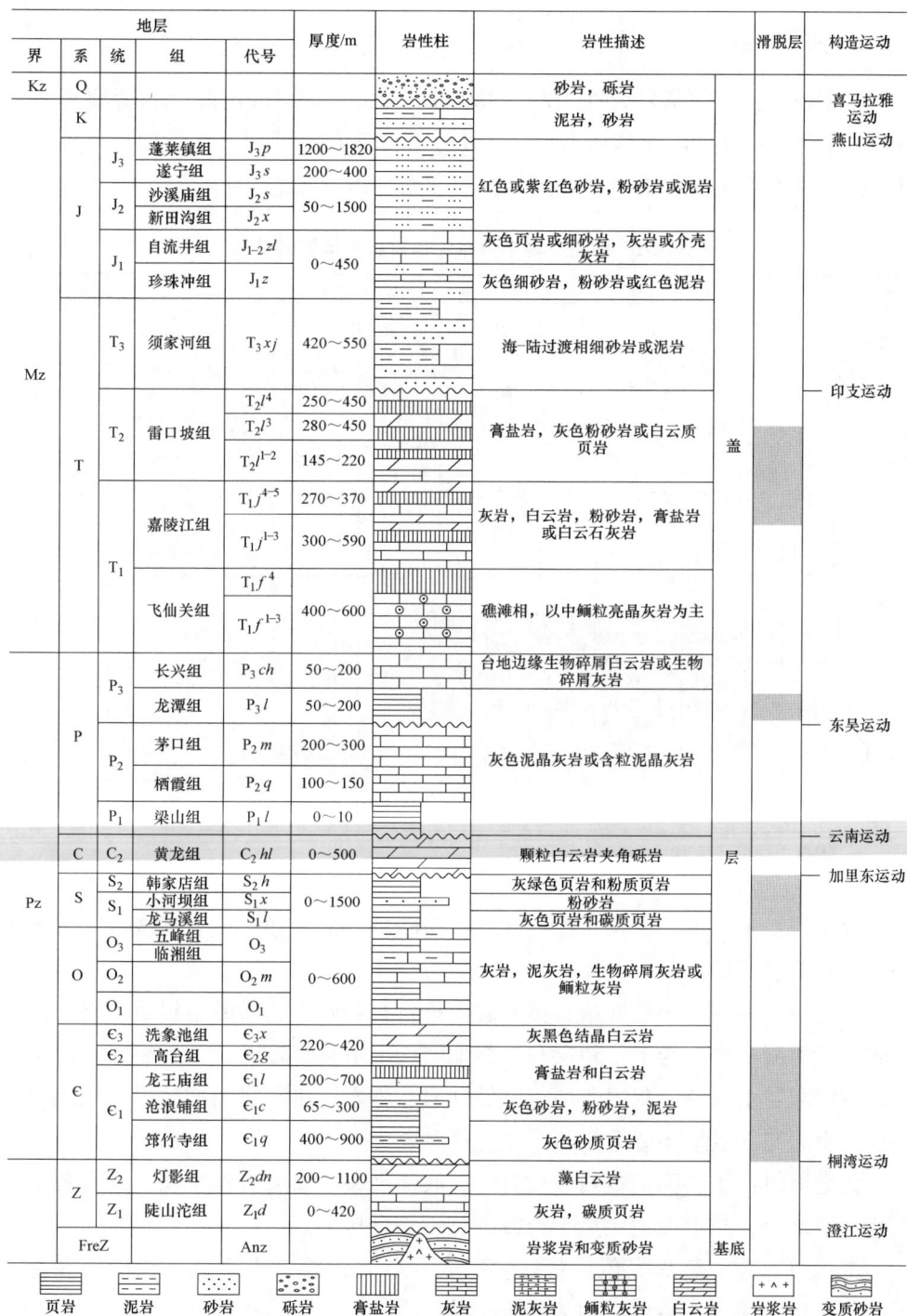

图 2-3　研究区的构造-地层综合柱状图

（据 Li et al., 2015a；曹环宇，2016；吴航，2019 修改）

2.2.1　前震旦系

川东前震旦系包括发育在 1000~780 Ma、780~635 Ma 的新元古界青白口系（Qb）和南华系（Nh）（高林志 等，2011），自下而上可划分为青白口系的板溪群，南华系的莲沱组、古城组、大塘坡组和南沱组（见表2-1）。

表 2-1　四川盆地震旦系—前震旦系地层划分表

年代地层		四　　川　　盆　　地　　区					构造运动
		川　西　南	川　中	川北	川　东		
震旦系 上统/下统		灯影组 观音崖组	灯影组 观音崖组	灯影组 观音崖组	灯影组 陡山沱组	水晶组 蜈蚣口组	澄江运动
南华系 Pt₃		列古六组 ｜ 南沱组		南沱组	南沱组	明月组	
		开建桥组 苏雄组 ｜ 橙江组	开建桥组 苏雄组	铁船山组	大塘坡组 古城组 莲沱组	代安河组	晋宁运动
青白口系					板溪群	秦杂组 楠木沟组 红砂溪组	
Pt₂ Jx / Ch		盐边群（乍古组 小坪组 漁门组 荒田组）会理群（天宝山组 凤山营组 力马河组 通安组 河口组）登相营群 峨边群（九盘营组 大热渣组 朝王坪组 则姑组 深沟组 松林坪组 桃子坝组 栅担桥组）	茨竹坪组 黄铜尖子组 黄水河组	关防山组 黄铜尖子组	火地垭群 麻窝子组	上两组 ？	中条运动
Pt₁ / Ar		冷竹关组 康定群 咱里组	康定群	康定群	康定群 冷竹关组 咱里组		

注：表据李洪奎，2020。

板溪群：主要由一套长石石英砂岩、粉砂岩、板岩和千枚岩组成，下部夹大理岩，底部含砾岩。

莲沱组：由细—中粒变余石英砂岩、长石石英砂岩、粉砂岩组成，夹粉砂质板岩和玻屑凝灰岩。与下伏地层和上覆地层均呈不整合接触。

古城组：由灰色、灰绿色薄—厚层砂岩、砾岩、粉砂岩组成，发育微细水平层理。上下与新老地层皆呈平行不整合接触。

大塘坡组：主要为灰色粉砂质页岩，底部夹碳质页岩及锰矿层。整合覆盖于下伏地层之上，与上覆地层呈整合或平行不整合接触。

南沱组：为一套灰绿色、紫红色砾岩和砂岩组合，夹页岩、粉砂岩和凝灰岩。与下伏地层和上覆地层均为整合接触。

2.2.2 震旦系

震旦系是盆地基底之上的第一套盖层,盆地内无出露。自下而上可分为下震旦统陡山沱组(Z_1d)和上震旦统灯影组(Z_2dn)。在川东地区的岩性主要为白云岩。

陡山沱组(Z_1d):下部为碳质页岩、粉砂质泥岩和泥质粉砂岩,上部为灰岩夹灰质白云岩和白云岩,层厚0~200 m。

灯影组(Z_2dn):以灰白—浅灰色中—厚层白云岩为主,夹硅质条带和硅质岩,层厚500~800 m(见图2-4(a))。

(a)

(b)

(c)

(d)

(e)

(f)

(g)

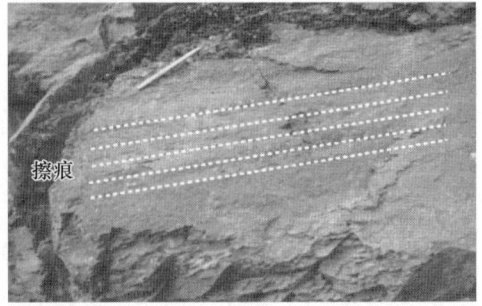

(h)

(i)

(j)

(k)

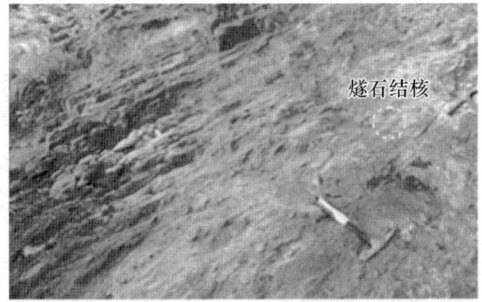

(l)

(m)

(n)

(o)   (p)

图 2-4　川东及周缘地层野外露头情况（露头位置见图 2-1）

图 2-4 彩图

（a）灯影组四段（Z_2dn^4）灰白色白云岩夹硅质条带，镜向 345°；

（b）清虚洞组（$\mathbb{C}_1q$）泥-粉晶灰岩，局部可见孔洞被方解石充填，镜向 9°；

（c）石冷水组（$\mathbb{C}_2sl$）泥质粉砂岩，镜向 87°；（d）娄山关群（$\mathbb{C}_{2-3}ls$）微-粉晶白云岩，镜向 89°；

（e）桐梓组（O_1t）灰色微晶白云岩，镜向 148°；（f）桐梓组（O_1t）深灰色亮晶鲕粒砂屑灰岩，镜向 85°；

（g）韩家店组（S_2h）黄绿色粉砂岩，发育断层，镜向 80°；

（h）韩家店组（S_2h）黄绿色粉砂岩，断层面见擦痕，镜向 350°；

（i）黄龙组（C_2hl）灰色白云质岩溶角砾岩，镜向 15°；（j）黄龙组（C_2hl）含砂屑白云岩，镜向 344°；

（k）茅口组（P_2m）生物碎屑灰岩，镜向 285°；（l）龙潭组（P_3l）灰岩夹燧石结核，镜向 263°；

（m）雷口坡组（T_2l）黄绿色页岩，镜向 10°；（n）须家河组（T_3xj）黄灰色砂岩，发育节理，镜向 59°；

（o）珍珠冲组（J_1z）黄灰色砂岩，镜向 93°；（p）自流井组（$J_{1-2}zl$）深灰色灰岩，镜向 266°

2.2.3　古生界

2.2.3.1　寒武系

寒武系与下伏上震旦统灯影组呈平行不整合接触（武赛军 等，2016），华蓥山褶皱核部出露中—上统娄山关群（见图 2-2）。寒武系划分为三统，其中下寒武统自下而上依次为牛蹄塘组（$\mathbb{C}_1n$）、明心寺组（$\mathbb{C}_1m$）、金顶山组（$\mathbb{C}_1j$）和清虚洞组（$\mathbb{C}_1q$）；中—上统包括高台组（$\mathbb{C}_1g$）、石冷水组（$\mathbb{C}_2sl$）和娄山关群（$\mathbb{C}_{2-3}ls$）。与川中地层对比，牛蹄塘组（$\mathbb{C}_1n$）与筇竹寺组（$\mathbb{C}_1q$）为等时地层，明心寺组（$\mathbb{C}_1m$）和金顶山组（$\mathbb{C}_1j$）与沧浪铺组（$\mathbb{C}_1c$）为等时地层，清虚洞组（$\mathbb{C}_1q$）与龙王庙组（$\mathbb{C}_1l$）为等时地层，石冷水组（$\mathbb{C}_2sl$）和娄山关群（$\mathbb{C}_{2-3}ls$）与洗象池组（$\mathbb{C}_3x$）为等时地层（李磊 等，2012）。

牛蹄塘组（$\mathbb{C}_1n$）：主要由灰—黑色碳质页岩和粉砂质页岩组成，夹黄色粉砂岩，层厚 100～700 m。

明心寺组（$\in_1 m$）：主要由灰色页岩夹细砂岩、粉砂岩、含粉砂质泥灰岩和细晶灰岩组成，层厚 100~200 m。

金顶山组（$\in_1 j$）：主要由灰色、灰绿色中—厚层粉砂岩夹粉砂质页岩和细粒杂砂岩组成，层厚 111~283 m。

清虚洞组（$\in_1 q$）：主要由中厚层白云岩、白云质灰岩和灰岩组成，夹薄层泥质白云岩，层厚 150~400 m（见图 2-4（b））。

高台组（$\in_1 g$）：下部为页岩和粉砂岩，上部发育厚层白云质灰岩、灰岩、灰质白云岩和白云岩，层厚 50~70 m。

石冷水组（$\in_2 sl$）：下部为深灰色中—厚层细粒白云岩，上部为薄层灰色白云岩、泥质白云岩夹砂岩和粉砂岩，层厚 200~300 m（见图 2-4（c））。

娄山关群（$\in_{2-3} ls$）：主要为灰白—浅灰色中—厚层细晶白云岩和泥质白云岩，夹浅灰—深灰色灰岩，顶部含硅质，层厚 200~600 m（见图 2-4（d））。

2.2.3.2　奥陶系

奥陶系整合覆盖于上寒武统娄山关群之上，出露于华蓥山褶皱核部。奥陶系划分为三统，自下而上包括下奥陶统桐梓组（$O_1 t$）、红花园组（$O_1 h$）和大湾组（$O_1 d$），中奥陶统十字铺组（$O_2 s$）和宝塔组（$O_2 b$），上奥陶统临湘组（$O_3 l$）和五峰组（$O_3 w$）。

桐梓组（$O_1 t$）：主要由灰—深灰色灰岩、白云质灰岩、生物碎屑灰岩和白云岩组成，夹黄绿色页岩和粉砂岩，层厚 10~200 m（见图 2-4（e）和（f））。

红花园组（$O_1 h$）：主要由灰色中—厚层灰岩和生物碎屑灰岩组成，夹少量白云岩，层厚 20~80 m。

大湾组（$O_1 d$）：下部为灰绿色页岩和粉砂岩，夹碎屑灰岩，上部为灰色中—厚层灰岩与砂页岩互层，含燧石结核或条带，层厚 20~200 m。

十字铺组（$O_2 s$）：主要由灰—深灰色泥质灰岩、生物碎屑灰岩、含硅质灰岩和粉砂质灰岩组成，局部弱硅化，层厚 10~80 m。

宝塔组（$O_2 b$）：主要由灰—深灰色含生物碎屑灰岩和泥质灰岩组成，发育干裂纹，层厚 15~50 m。

临湘组（$O_3 l$）：主要由黄绿色、灰—深灰色泥质灰岩组成，顶部夹灰—灰黑色页岩，层厚 3~12 m。

五峰组（$O_3 w$）：主要由黑色粉砂质页岩、碳质页岩和硅质页岩组成，偶夹黑色页岩和薄层燧石，顶部夹泥质白云岩或粉砂岩，层厚 1~20 m。

2.2.3.3　志留系

志留系整合或不整合于奥陶系之上，于华蓥山褶皱核部出露。加里东运动导致的抬升剥蚀使川东地区缺失上志留统。志留系自下而上划分为下志留统龙马溪组（S_1l）和小河坝组（S_1x），中志留统韩家店组（S_2h）。

龙马溪组（S_1l）：上部为黄绿色、灰绿色粉砂岩、粉砂质页岩和页岩，下部发育一套黑色页岩，层厚 150~300 m。

小河坝组（S_1x）：主要由灰绿色泥质粉砂岩、细砂岩、页岩和砂质页岩组成，夹泥质砂岩，层厚 100~400 m。

韩家店组（S_2h）：主要由黄绿、灰绿色粉砂岩、泥质粉砂岩、砂质页岩和页岩组成，夹少量生物灰岩和泥质白云岩，含钙质结核，层厚 50~800 m（见图 2-4（g）和（h））。

2.2.3.4 泥盆系

泥盆系在盆地内大面积缺失，仅在石柱向斜钻遇中泥盆统云台观组（D_2y），为灰白色、灰黄色砂岩夹紫红色粉砂质页岩。与下伏志留系韩家店组呈平行不整合接触。

2.2.3.5 石炭系

石炭系在川东大部分地区有残留，平行不整合于中志留统韩家店组或中泥盆统云台观组之上，包括下石炭统河洲组（C_1h）和上石炭统黄龙组（C_2hl），河洲组（C_1h）分布面积远小于黄龙组（C_2hl）。

河洲组（C_1h）：主要由褐灰色砂砾屑白云岩和云质砂岩组成，向上粒度变细，顶部发育一套深灰色页岩，层厚小于 25 m。

黄龙组（C_2hl）：主要由浅灰—深灰色灰岩、生物碎屑灰岩、白云岩和岩溶角砾岩组成，白云岩偶含砂质、泥质和钙质，层厚 0~100 m（见图 2-4（i）和（j））。

2.2.3.6 二叠系

二叠系平行不整合覆盖于中志留统韩家店组或上石炭黄龙组之上，在川东地区发育较完整。二叠系自下而上包括下二叠统梁山组（P_1l），中二叠统栖霞组（P_2q）和茅口组（P_2m），上二叠统龙潭组（P_3l）和长兴组（P_3ch）。

梁山组（P_1l）：为一套暗色煤系地层，岩性组合为灰黑色、灰绿色粉砂岩、铝土质页岩和碳质页岩，夹煤线，含铝土矿透镜体和黄铁矿，厚度仅数米。

栖霞组（P_2q）：主要由灰—深灰色灰岩和生物碎屑灰岩组成。上部含燧石结核和条带。底部发育一套夹生物碎屑灰岩透镜体或条带状有机质钙质页岩，层厚 60~150 m。

茅口组（P_2m）：主要由灰白—深灰色灰岩、含白云质灰岩和生物碎屑灰岩组成，夹燧石结核和眼球状灰岩，层厚 50~600 m（见图 2-4（k））。

　　龙潭组（P_3l）：主要由灰黑色砂岩、页岩和硅质灰岩组成，夹燧石灰岩、煤层和菱铁矿，层厚 50~300 m。与下伏茅口组不整合接触（见图 2-4 (1)）。

　　长兴组（P_3ch）：主要由浅灰—深灰色灰岩、生物碎屑灰岩和黑色页岩组成，夹白云质灰岩和燧石结核，层厚 80~300 m。

2.2.4　中生界

2.2.4.1　三叠系

　　三叠系出露于川东褶皱带各褶皱的核部（见图 2-2），与下伏上二叠统长兴组整合接触。三叠系自下而上划分为下三叠统飞仙关组（T_1f）和嘉陵江组（T_1j），中三叠统雷口坡组（T_2l），上三叠统须家河组（T_3xj）。

　　飞仙关组（T_1f）：划分为四段，飞仙关组一段主要由灰色白云质灰岩和灰黄—黄灰色含泥质灰岩组成，底部偶含灰绿、灰黄色页岩和薄层泥岩；飞仙关组二段主要由暗紫色含钙质、泥质、粉砂质页岩、浅灰—灰色灰岩和含泥质灰岩组成，发育缝合线；飞仙关组三段主要由灰白—灰色灰岩组成，夹鲕粒灰岩、泥质灰岩和含白云质灰岩，上部含假鲕粒状灰岩；飞仙关组四段主要由紫红色钙质页岩组成，夹泥质、白云质灰岩和灰黄、黄绿色页岩。层厚 300~600 m。

　　嘉陵江组（T_1j）：划分为四段，嘉陵江组一段主要由浅灰—灰色灰岩组成，夹白云质灰岩、鲕粒灰岩、泥质灰岩和白云岩；嘉陵江组二段主要由浅灰—灰色白云质灰岩、白云岩和岩溶角砾岩组成，夹石膏和石膏假晶白云岩；嘉陵江组三段主要由浅灰—灰色灰岩、含白云质灰岩和含泥质灰岩组成，夹生物灰岩；嘉陵江组四段主要由浅灰—灰色白云质灰岩、灰质白云岩、白云岩和岩溶角砾岩组成，夹页岩。层厚 500~1200 m。

　　雷口坡组（T_2l）：主要由灰—灰黄色灰岩、灰绿色、黄绿色、黄灰色页岩组成，夹岩溶角砾岩、泥岩、白云岩和泥质灰岩，含多层膏盐层，底部多发育一套"绿豆岩"。层厚 0~500 m，印支运动造成的剥蚀使各地区残留厚度不一（见图 2-4(m)）。

　　须家河组（T_3xj）：平行不整合或角度不整合于下伏雷口坡组之上。划分为六段，其中川东地区缺失须家河组一段，须家河组二段仅发育于川东西部。三、五段为含煤泥页岩，夹砂岩和煤线，二、四、六段为砂岩夹页岩。层厚 300~600 m(见图 2-4 (n)）。

2.2.4.2　侏罗系

　　侏罗系广泛分布于川东褶皱带的向斜区（见图 2-2），与下伏的上三叠统须家河组整合接触。侏罗系自下而上包括下侏罗统珍珠冲组（J_1z）和自流井组（$J_{1-2}zl$），中侏罗统新田沟组（J_2x）、下沙溪庙组（J_2s^1）和上沙溪庙组（J_2s^2），上侏罗统遂宁组（J_3s）和蓬莱镇组（J_3p）。

珍珠冲组（J_1z）：主要由紫红、黄绿、黄灰色泥岩组成，夹粉砂岩、砂岩和页岩。层厚 50~300 m（见图 2-4（o））。

自流井组（$J_{1-2}zl$）：主要由灰—深灰色灰岩、介壳灰岩、生物碎屑灰岩、粉砂岩、紫红色、灰黄色页岩和泥岩组成，层厚 100~300 m（见图 2-4（p））。

新田沟组（J_2x）：主要由灰—深灰、灰黄、灰绿色粉砂岩和砂岩组成，夹紫红色泥岩，下部偶含钙质结核，层厚 100~400 m。

下沙溪庙组（J_2s^1）：主要由紫红色泥岩、粉砂质泥岩、灰绿—黄绿色砂岩和粉砂岩组成，顶部发育一套杂色"叶肢介页岩"，层厚 200~600 m。

上沙溪庙组（J_2s^2）：主要由紫红色粉砂质泥岩、泥岩与灰—黄灰色砂岩互层组成，偶含硅质结核，中—下部含少量浊沸石，层厚 1000~2000 m。

遂宁组（J_3s）：主要由砖红色砂质泥岩和泥岩组成，夹粉砂岩和砂岩，偶含钙质和硅质结核，层厚 400~600 m。

蓬莱镇组（J_3p）：主要由紫红色粉砂质泥岩、泥岩与灰白—浅灰色、紫灰色砂岩互层，层厚 700~1000 m。

2.2.4.3 白垩系

川东褶皱带的白垩系地层仅发育于东南部的重庆綦江和北部的宣汉南坪地区（见图 2-2）。綦江地区残留上白垩统夹关组（K_2j），南坪地区残留下白垩统苍溪组（K_1c）和白龙组（K_1b）。

苍溪组（K_1c）：上部为棕红色、紫红色泥岩夹砂岩，下部为灰色、灰绿色砂岩夹紫红色泥岩，层厚不详。

白龙组（K_1b）：灰色、浅灰绿色砂岩与紫红色泥岩不等厚互层，层厚不详。

夹关组（K_2j）：砖红色块状长石石英砂岩夹泥岩和粉砂岩，底部为 0~20 m 厚的砾岩层，砾石磨圆度好，成分复杂，以石英、燧石为主，次为砂岩和灰岩等。层厚 277~451 m。

2.2.5 新生界

仅发育少量第四系，弥散分布于向斜区，为一套河流相沉积。岩性组合为残积、坡积砂土、黏土、角砾、河床阶地冲积层和河漫滩冲积物，层厚不详。地层近水平不整合于老地层之上。

2.3 区域不整合面

四川盆地的基底形成于前震旦纪，而后经历了澄江运动、桐湾运动、加里东运动、云南运动、东吴运动、印支运动、燕山运动和喜马拉雅运动的改造（见

图 2-3）。因此发育了多个不整合面，其中川东发育的区域不整合面自下而上主要有 7 个。

（1）Z/AnZ：震旦系与前震旦系之间的角度不整合面。下伏系统为盆地基底，上覆系统为震旦系陡山沱组。从川中女基井可见震旦系直接覆盖在基底流纹安山岩上（李洪奎，2020）。

（2）Z_2dn^3/Z_2dn^2：灯影组二段与三段之间的平行不整合面。其形成于桐湾运动 I 幕（武赛军 等，2016）。从川西南先锋剖面可见灯影组二段顶部发育出古风化壳（见图 2-5（a））。

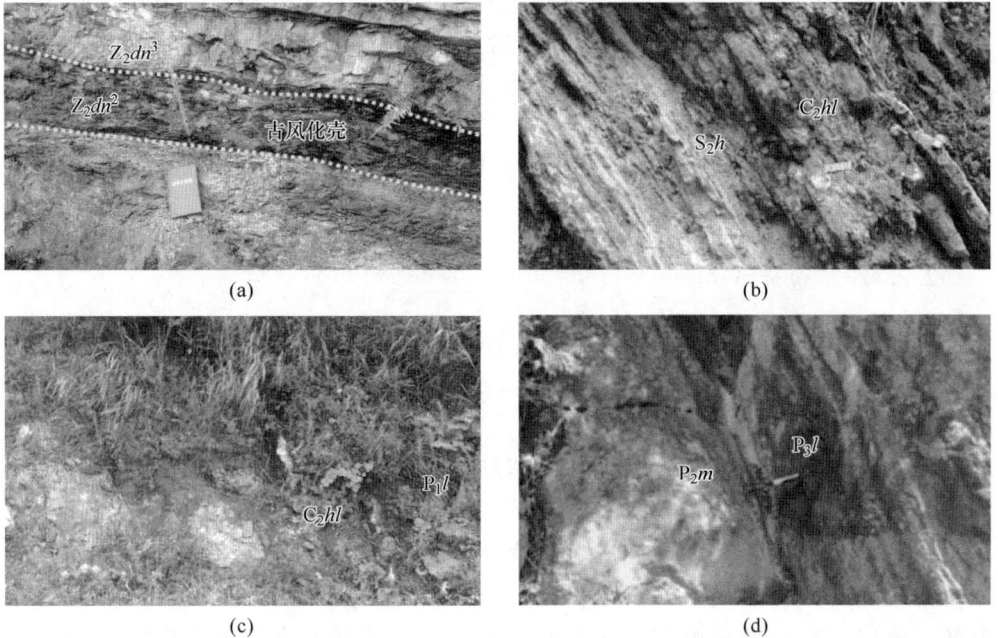

(a)　　　　　　　　　　　　　　(b)

(c)　　　　　　　　　　　　　　(d)

图 2-5　川东及周缘不整合面野外露头情况（露头位置见图 2-1）

(a) 上震旦统灯影组二段顶部古风化壳；

(b) 上石炭统黄龙组与中志留统韩家店组之间的平行不整合面；

(c) 下二叠统梁山组与上石炭统黄龙组之间的平行不整合面；

(d) 上二叠统龙潭组与中二叠统茅口组之间的平行不整合面

图 2-5 彩图

（3）ϵ_1q/Z_2dn：寒武系筇竹寺组与震旦系灯影组之间的平行不整合面。灯影组沉积期末期的桐湾运动 II 幕和早寒武世麦地坪组沉积末期的桐湾运动 III 幕形成了两期不整合面，川东地区因缺失麦地坪组，两期不整合面合二为一（武赛军 等，2016）。

（4）C_2hl/S_2h：石炭系和下伏中志留统韩家店组之间的平行不整合面。志留纪末盆地抬升剥蚀，四川盆地下古生界遭受不同程度的剥蚀（李洪奎 等，

2019），川东残留大面积石炭系不整合于志留系之上。华蓥山褶皱核部见黄龙组黄灰色白云岩和韩家店组灰绿色泥岩平行不整合接触（见图 2-5（b））。

（5）P_1l/C_2hl：下二叠统梁山组和下伏上石炭统黄龙组之间的平行不整合面。其形成于石炭纪末的云南运动（郑荣才 等，1995）。华蓥山褶皱核部见梁山组灰黑色页岩平行不整合于黄龙组灰色白云岩之上，梁山组植被覆盖严重（见图 2-5（c））。

（6）P_3l/P_2m：上二叠统龙潭组和下伏中二叠统茅口组之间的平行不整合面。其形成于茅口组沉积末期的东吴运动（江青春 等，2012）。重庆市满月乡双河口镇见上二叠统龙潭组深灰色厚层–块状微晶生屑灰岩与中二叠统茅口组中–薄层灰色含燧石结核灰岩平行不整合接触（见图 2-5（d））。

（7）T_3xj/T_2l：上三叠统须家河组和下伏中三叠统雷口坡组之间的小角度不整合。其是早印支期的产物，标志着盆地范围内海相沉积的结束（何登发 等，2011）。

2.4　区域滑脱层

川东地区的滑脱层主要由页岩、膏岩层、泥页岩和黏土层等软弱岩层组成。自下而上主要发育四套滑脱层：基底拆离面、下寒武统滑脱层、志留系滑脱层和中—下三叠统滑脱层。

盆地基底和盖层之间的边界存在拆离面（梅庆华，2015；Liu et al.，2021），使盆地盖层和基底弱耦合。地球物理研究（丁道桂 等，2005；丁道桂 等，2007）和数值模拟研究（张小琼 等，2013；张小琼 等，2015）显示，湘鄂西地区的拆离面深度为 7~8 km，地震波速探测表明，21~22 km 深度还存在一个拆离面（胡建平 等，2005；Dong et al.，2015）。钻井和野外地质露头显示，四川盆地东部下寒武统龙王庙组和中寒武统高台组含有膏盐层，洗象池组也含有膏盐层，但分布有限（金之钧 等，2006；王淑丽 等，2012；徐安娜 等，2016）。此套膏盐层包括膏质云岩、云质膏盐岩和膏盐岩等，钻井钻遇到的厚度从几米到几百米不等，岩性和厚度变化大（梁瀚 等，2019）。志留系软弱岩层广泛发育于下统龙马溪组和中统韩家店组，主要为灰绿色、黄绿色泥岩和页岩，夹透镜状细砂岩（关圣浩，2017）。早三叠世嘉陵江组沉积期，川东地区由开阔台地演化至局限，最终至咸化的局限–蒸发台地（张奇 等，2009），下三叠统嘉陵江组和中三叠统雷口坡组广泛发育的膏盐岩成为川东地区的主要滑脱层之一（邹玉涛 等，2015）。中三叠世末，川东地区差异抬升和剥蚀严重（李忠权 等，2014；赵艳军 等，2015），导致此套滑脱层厚度变化极大。

2.5　区域构造演化

位于四川盆地东部的川东高陡构造带，在漫长的地质历史中，其盖层演化经历了多个重要的构造旋回，具体包括加里东期、海西期、印支期、燕山期和喜马拉雅期五个主要阶段。这些构造旋回对川东高陡构造带的形成和演化产生了深远的影响。此外，川东高陡构造带与北东侧的大巴山褶皱冲断带以及南东侧的鄂西隔槽式褶皱带之间相互作用，这些相邻构造带的挤压和推覆作用对川东高陡构造带的形成和演化也产生了重要的影响（见图2-6）。

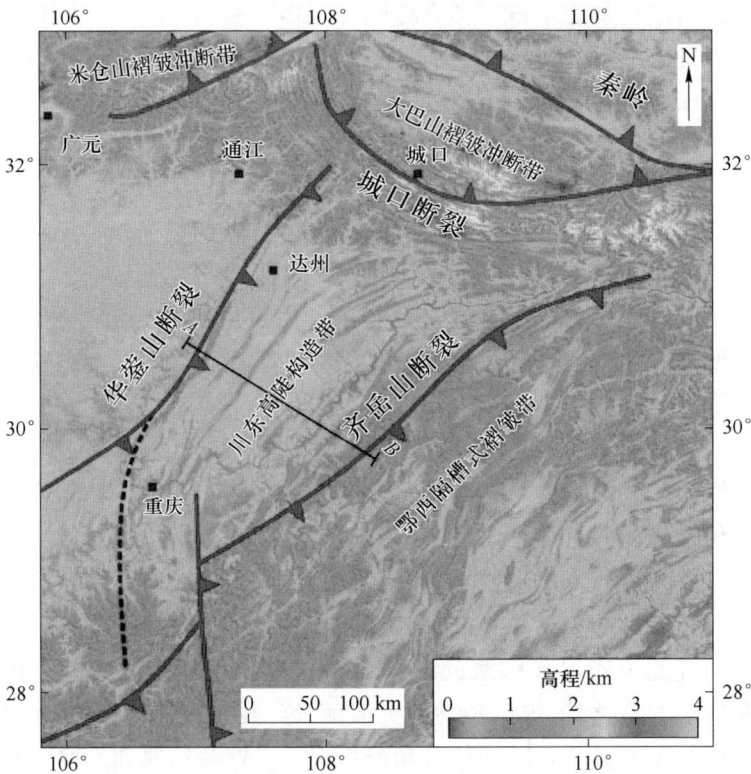

图2-6　川东周缘构造分区简图

图2-6彩图

2.5.1　四川盆地构造演化及其阶段性

四川盆地的基底形成于前震旦纪（罗志立，1998）。盆地的演化历程主要分为海相盆地和陆相盆地两个阶段，震旦纪—中三叠世为海相盆地，晚三叠世—第四纪为陆相盆地（刘树根 等，2011；李忠权 等，2014；何登发 等，2011；

王学军 等，2015）。

（1）海相盆地演化阶段：震旦纪至早寒武世，伴随 Rodinia 超大陆的裂解（何登发 等，2011），四川盆地强烈隆升拉张，发育近南北向的大型裂陷槽，将乐山-龙女寺古隆起分隔为两个古高点（刘树根 等，2013；钟勇 等，2014；李忠权，2015；梅庆华，2015；周进高 等，2018）。其间三幕桐湾运动形成了广泛分布于整个盆地的两个平行不整合面（武赛军 等，2016）。中—晚寒武世，四川盆地进入加里东期的演化阶段（刘树根 等，2016b），但盆地整体仍处于拉张的动力学背景（何登发 等，2011），海相盆地持续扩张（李忠权 等，2014）。晚寒武世末—奥陶纪初，加里东运动的早幕——郁南运动波及四川盆地西缘、北缘和滇黔地区（张浩然 等，2020），上寒武统遭受剥蚀（陈宗清，2013）。晚奥陶世—志留纪，扬子板块西缘仍处于被动大陆边缘的拉张状态（潘桂棠 等，2017）。志留纪末，四川盆地快速抬升并遭受剥蚀，乐山-龙女寺古隆起剥蚀强烈，缺失了志留系，隆起的最高点缺失了寒武系，剥蚀作用持续到二叠系沉积前（陈宗清，2013；梅庆华 等，2014；张浩然 等，2020）。伴随全球二叠纪联合古陆裂解（Rogers and Santosh，2004），峨眉山地幔柱的隆升和勉略洋南缘被动大陆边缘的伸展裂解使盆地进入到隆升拉张状态（Chung and Jahn，1995；徐义刚和钟孙霖，2001；张国伟 等，2001；宋谢炎 等，2005；Xu and He，2007a），中二叠统茅口组遭受剥蚀（王学军 等，2015），川西地区发育了大面积的上二叠统岩浆岩（马新华 等，2019）。早—中三叠世，扬子西缘仍处于被动陆缘（潘桂棠 等，2017）。四川盆地早三叠世继承了晚二叠世的构造沉积环境，早期的沉积以填平补齐为主（何登发 等，2011）。中三叠世末，受印支运动早幕的影响，盆地抬升并遭受剥蚀，川东地区开江-泸州古隆起最高点缺失了雷口坡组（王鑫 等，2020）。至此，海相盆地演化历史结束（何登发 等 2011；刘树根 等，2011；李忠权 等，2014；王学军 等，2015）。

（2）陆相盆地演化阶段：晚三叠世，四川盆地仍处于拉张状态（李忠权 等，2014）。晚三叠世早期，川西地区发育了残留海，须家河组一——三段为海陆交互相的断陷盆地楔状沉积体（李忠权 等，2011）。随着西侧海水退去，四川盆地形成了一个内陆湖盆（何登发 等，2011）。侏罗纪，四川盆地开始进入与新特提斯洋演化密切相关的伸展聚敛旋回。早至中侏罗世早期，盆地仍处于拉张的动力学背景，广泛接受克拉通凹陷沉积。至中侏罗世晚期，盆地开始转变为挤压状态（何登发 等，2011）。晚侏罗世至今，四川盆地先后受到了古太平洋板块与欧亚板块俯冲、印度板块与欧亚板块俯冲，以及太平洋板块与菲律宾板块俯冲的远场效应的影响，最终全面抬升变形，形成了现今的构造面貌（贾承造 等，2005；何登发 等，2011）。

2.5.2　川东高陡构造带构造演化及其阶段性

川东高陡构造带自新元古代以来沉积了数千米的海相和陆相地层，经历了漫长而复杂的构造演化过程，其中燕山晚期（早白垩世）以来的构造变形确立了现今的构造特征（Yan et al.，2003；王平 等，2012；邹耀遥 等，2018）。根据川东隔挡式构造发育的边界条件、构造应力的来源及大地构造环境的演化过程，可将川东构造演化过程划分为以下几个阶段（李忠权，2002；邹玉涛，2015）。

（1）加里东期—海西期基底断裂形成阶段：加里东构造旋回—海西构造旋回期间，川东处于拉张动力学环境，形成了一系列与正断层相关的褶皱类型（胡光灿和谢姚祥，1997），在平面上形成相对平缓的隔槽式褶皱组合样式（李忠权 等，2002）。早期发育的基底断裂为后期挤压构造应力环境下盖层沿基底断裂发育形成现今隔挡式褶皱奠定了基础（见图2-7（d））。

（2）印支期褶皱雏形阶段：太平洋板块与亚洲板块之间沿西太平洋挤压的远场效应使川东处于由拉张向挤压转变的过渡构造动力环境（李忠权 等，2002）。南东—北西向的挤压使先存基底断裂成为应力集中带，由于基底断裂反转，上覆地层形成北东向的断层传播褶皱。但此时的褶皱幅度较小，只造成地表微弱起伏，形成了川东挤压褶皱的雏形（见图2-7（c））。

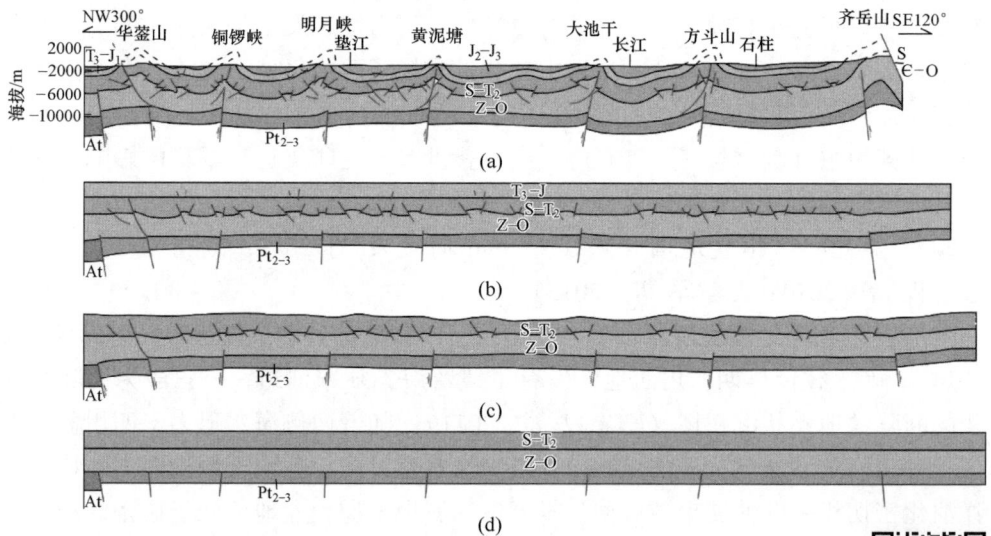

图2-7　川东大地构造环境演化模式图（剖面位置 A—B 见图2-6）

（a）现今；（b）燕山晚期；（c）印支末期；（d）印支期以前

（据邹玉涛 等，2015）

图2-7彩图

（3）燕山期褶皱活跃阶段：在太平洋板块的进一步推挤下，华南板块内部发生了从雪峰山至川东的大规模挤压。早期的褶皱雏形成为应力集中带，断裂和褶皱继承性向上扩展，褶皱幅度加强。同时，由于川东北侧大巴山地区的逆冲推覆作用，局部发育了北西向褶皱构造（见图2-7（b））。

（4）喜马拉雅期褶皱改造定型阶段：印度板块向亚欧板块碰撞挤入，导致川东地区受到北西西—南东东向的挤压作用，伴随扭动活动，先存的北东向断褶带被改造成北北东向的隔挡式褶皱。此构造期不仅发育了新的构造，早期构造也被改造，使构造的隆起幅度增大，也改变了高陡背斜轴面的倾向，形成了现今川东地区的高陡背斜和宽缓向斜交替分布的隔挡式构造带（见图2-7（a））。

2.5.3　大巴山褶皱冲断带构造演化及其阶段性

大巴山褶皱冲断带是秦岭造山带与四川盆地之间的过渡带，呈现出南西向凸出、北西—南东向延伸的弧形构造带（见图2-6）。晚三叠世前，上扬子北缘总体以台地型稳定建造为主，大巴山地区同期主要发育了一套台地相碳酸盐岩和陆源碎屑岩（李智武，2006）。中三叠世末，随着古特提斯洋的最终关闭，华南板块与华北板块发生碰撞。强烈的造山作用使大巴山地区进入前陆演化阶段，沉积了大套的陆相地层（乐光禹，1998；汪泽成 等，2004）。晚三叠世之后，四川盆地的沉积中心逐渐从川西地区向大巴山迁移（罗良 等，2015）。早侏罗世—中侏罗世，南秦岭相对平静，到了中侏罗世中晚期又开始新一轮的构造活动，造成强烈的陆内造山活动（张国伟 等，2001）。这一时期是大巴山前陆盆地的主要发育时期，大巴山前是明显的沉积中心，剖面上表现为楔状沉积体，沉积厚度自北东向南西逐渐减薄，主要为一套河流相碎屑岩和泥岩（刘树根 等，2006）。热年代学和磷灰石裂变径迹热史模拟结果表明，大巴山主要变形阶段出现在178～163 Ma（Li et al.，2013），大巴山前陆盆地的快速沉降期为188～165 Ma（许长海 等，2010）。此后，大巴山进入相对的平静期，新生代印度板块与欧亚板块碰撞的远场效应使大巴山褶皱冲断带最终定型（李智武，2006）。

2.5.4　鄂西隔槽式褶皱带构造演化及其阶段性

鄂西隔槽式褶皱带呈北西向凸出的弧形构造带（见图2-6），以箱状褶皱为主（任泓霖，2020）。南华纪期间，扬子-华夏联合古陆开始裂解，形成若干残块，裂解块体之间发育了震旦纪—奥陶纪海盆（槽）区（舒良树 等，2012）。在拉张动力学背景下，鄂西地区开始演化为海槽，其内下震旦统陡山沱组残留厚度最大超过400 m，远大于周缘地区（汪泽成 等，2019）。晚奥陶世—志留纪受周缘地块的影响，Rodinia古陆的裂解受到抑制，地块内部发生了挤压事件。江南-雪峰裂陷盆地挤压收缩，出现了江南-雪峰陆内造山带雏形（何登发 等，2011）。泥盆纪—中二叠世，鄂西地区进入了一个相对稳定的时期（何登发 等，2011）。

晚二叠世—早三叠世，鄂西海槽再次形成（郑斌嵩，2019）。随后，由于古太平洋板块俯冲的影响，雪峰造山带快速隆升，并在晚侏罗世—早白垩世期间向西推覆，形成鄂西褶皱带（刘恩山 等，2010）。到了早白垩世，华南大陆由挤压构造体制转变为伸展构造体制（张岳桥 等，2012），鄂西褶皱带受波及伸展成盆地（邹耀遥 等，2018）。喜马拉雅晚期，印度板块与欧亚板块碰撞，青藏高原快速隆升，并在周缘产生显著的响应，导致中上扬子地区快速隆升和剥蚀（石红才和施小斌，2011）。

3　川东基底结构特征

盆地的基底深藏于地腹之中，由于钻探技术的限制，少有能够钻探至基底的深钻井，同时，盆地周缘基岩的出露也十分有限，这使得难以直接观测到盆地基底的实际情况。因此，深部地球物理勘探技术成为研究盆地基底结构的主要手段。然而，地球物理资料具有多解性，即同一组数据可能存在多种解释，这增加了解析盆地深部结构的难度。为了更准确地揭示盆地深部结构的特征，不能仅仅依靠单一的数据类型，而是需要将多种手段结合起来进行综合分析。鉴于此，本书综合了最新的重力异常、航磁异常、深反射地震以及区域地质等多方面的资料，对川东地区的基底结构特征进行了全面、深入的分析。

3.1　深　部　结　构

3.1.1　重力异常特征

重力异常可以反映地球表面与大地水准面的不一致，也可以反映地球内部密度分布的不均匀。实测重力异常经高度校正（或自由空气校正），再消除测站与大地水准面之间物质的影响（布格校正）和测站附近地形起伏的影响（地形校正）后，得到的布格重力异常包含了地壳内各种偏离正常密度分布的矿体与构造的响应，也包括了地壳下界面起伏而在横向上相对上地幔质量的巨大亏损或盈余的响应（熊小松 等，2015；刘光鼎，2018）。

四川盆地的布格重力异常值均为负值，介于 $-0.00299 \sim -0.0008$ m/s^2。总体上，重力值自西向东逐渐升高，盆地西部和西南部形成了重力梯度带，东缘呈串珠状异常，北缘为近东西向分布的大巴山重力低值区。龙门山地区表现为北北东向重力梯度带，川西高原则处于低缓重力异常背景。盆地中部的内江-达县以东表现为一个中心为北东走向的异常高值圈闭，向盆地边缘异常值逐渐降低，反映出盆地中部存在古老基底隆起（见图 3-1）。

川东地区的布格重力异常值范围为 $-0.00135 \sim -0.001$ m/s^2，整体呈现出两低值区环绕一高值圈闭的特征，其中最低值是位于达县东北的大巴山前低值圈闭。川中地区的异常高值圈闭北东向伸入川东，走向由北东向转变为近南北向，在重庆北部则向南东方向凸出，向南东、北东和北方向逐渐降低。重庆和达县地

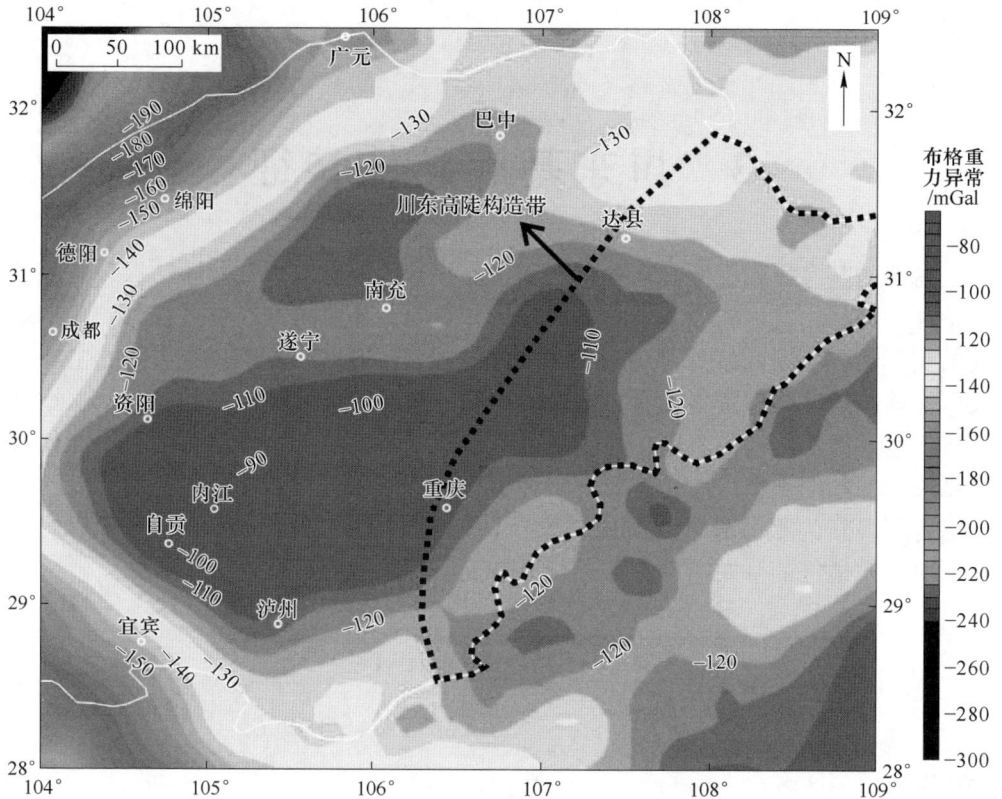

图 3-1　四川盆地及周缘布格重力异常等值线图

（1 mGal = 10^{-5} m/s²）

（据熊小松 等，2015）

图 3-1 彩图

区存在重力梯度带，东北角的布格重力值变化相对较缓，基本在
-0.00125~0.0012 m/s²。东南缘有一明显北东向延伸的串珠状异常分布，这刚好
是齐岳山断裂的位置，可能是深断裂活动引起的岩浆侵入所致（见图 3-1）。去
噪后的盆地布格重力异常减去莫霍面重力异常和沉积盖层重力异常后，得到的剩
余重力异常称为中下地壳重力异常（熊小松 等，2015）。四川盆地的中下地壳重
力异常值介于-0.00032~0.00206 m/s²。在南充以北和重庆以西，存在两个北东
向的明显高重力异常圈闭，异常值约为 0.0017 m/s²。川东地区整体重力异常值
介于-0.0017~-0.0013 m/s²。此外，有一自盆地东南缘伸入的高异常圈闭，向
北西方向变窄，两侧是北西向的异常梯度带，反映出川东不同区域中下地壳结构
存在差异（见图 3-2）。

　　综上所述，虽然四川盆地整体呈现出高密度的刚性块体特征，但其内部仍有
一定的差异性。川东地区的布格重力异常变化较平缓，但中下地壳重力异常反映
其南西—北东向上具有明显的三分性。

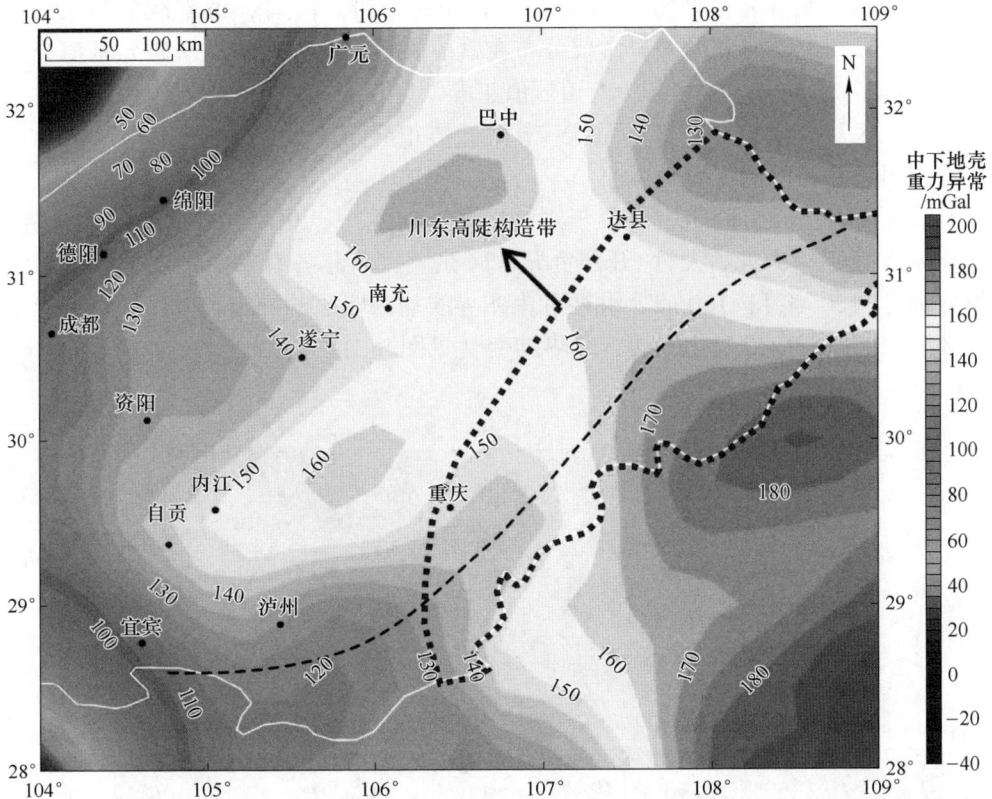

图 3-2　四川盆地及周缘中下地壳重力异常等值线图

（1 mGal = 10^{-5} m/s^2）

（据熊小松 等，2015）

图 3-2 彩图

3.1.2　航磁异常特征

地壳由具有铁磁性物质的岩层和岩体组成，因此，航磁数据可以综合反映地壳的物质组成。这些具有磁性的地质体在其周围空间形成磁场，叠加在偶极磁场和大陆磁场之上，使地磁场的正常分布规律发生变化，这种变化的磁场即为磁异常场（吴功建和高锐，1983）。一般情况下，航磁异常可以反映地表到地下 20～30 km 范围内一定规模的综合磁性体。当基底埋藏较深时，磁异常的形态较规则，梯度较缓。而当基底埋藏较浅时，磁异常形态较不规则，梯度较陡（李洪奎，2020）。

四川盆地的航磁异常总体呈正异常，负异常分布零星，异常值介于-480～540 nT。异常带呈北东走向，并体现出正负异常相间分布的特征。自北西向南东方向可分为四个异常带：成都-阆中负异常带、眉山-南充-平昌正异常带、威远−合川−开江负异常带及宜宾−南川−石柱正异常带。同时，也零散分布北西—南东向磁异常带，南北向磁异常仅分布在盆地南部。川东地区的航磁异常值介于−160~540 nT，主要包含重庆−南川低值正异常区、石柱高值异常圈闭，大竹−开江负异常区及涪陵异常鞍部。重庆−南川低值正异常区的异常值介于 0~40 nT，异常圈闭呈北北西向，变化微小。

石柱高值正异常圈闭中心位于石柱地区，向北东、北西和北北东方向延伸，最高异常值为 540 nT。大竹−开江负异常区在大竹南北各有一个圈闭，最低异常值分别是−120 nT 和−160 nT，北西和南东界线均为明显的异常梯度带。涪陵异常鞍部呈北西向，南界变化平缓，北界陡变（见图 3-3）。

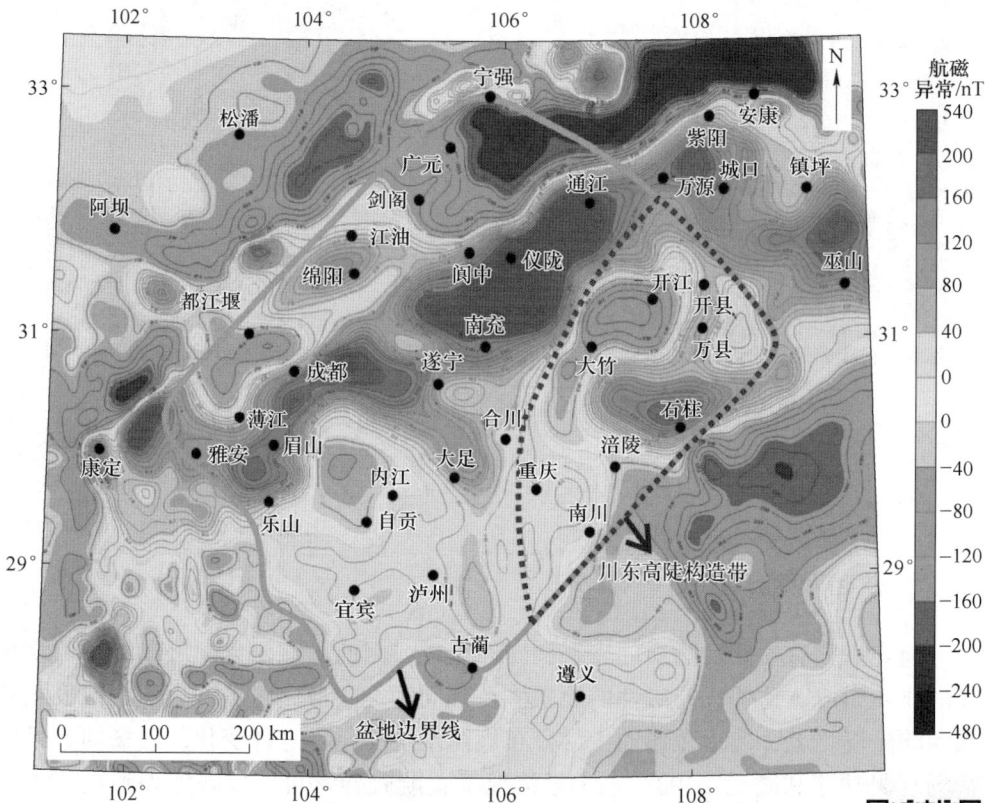

图 3-3　四川盆地的航磁异常图

（据谷志东和汪泽成，2014）

图 3-3 彩图

根据航磁异常特征可知，四川盆地深部物质存在横向上的不均一性。川东地区的石柱高值正异常圈闭可能由侵入基底的岩浆岩引起，而存在的多个异常梯度带可能是基底断裂的响应。

3.1.3　速度结构特征

前人利用接收函数的偏移成像研究青藏高原东部的地壳结构，采用 504 次地震的数据，这些地震震级大于 5.5，震中距在 30°~90°范围内，信噪比高，并且反方位角覆盖较好（Xu et al.，2013）。

从扬子克拉通至青藏高原东北缘，莫霍面变化平缓。在扬子克拉通的西北部出现的是薄的地壳（40~45 km），并伴随着低地势。在松潘-甘孜地块之下存在低速异常带，表明可能存在物质流动带。而在四川盆地之下，P 波的平均速度明显高于松潘-甘孜地块，表明坚硬的四川盆地阻挡了西藏东缘向东的物质流动（Xu et al.，2013）。川东地区在深约 5 km 和 10~15 km 的地方存在两个低速异常带，可能分别对应寒武系膏盐层和基底软弱界面，这两个层面是四川盆地的两个重要滑脱层（见图 3-4）。

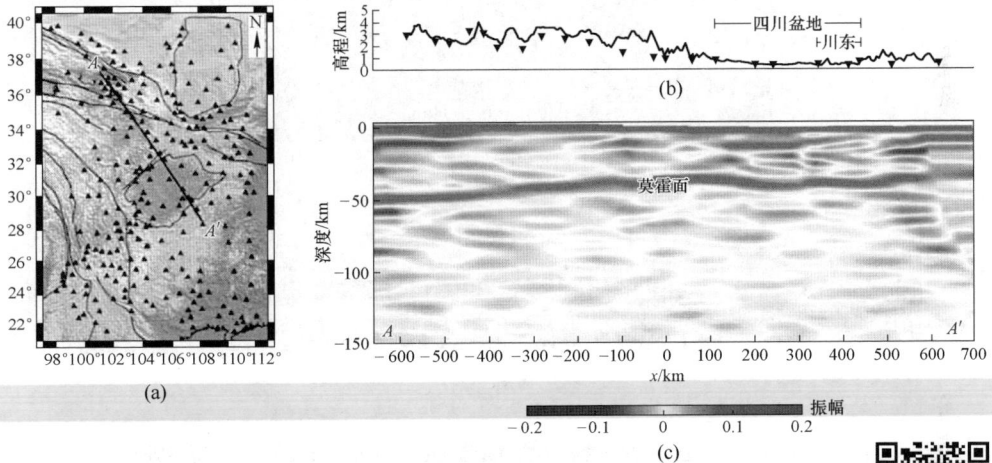

图 3-4　过四川盆地接收函数成像

（a）剖面位置图；（b）高程剖面；（c）成像剖面

（据 Xu et al.，2013）

图 3-4 彩图

地震层析成像是研究地球深部结构的常用方法，相比于人工震源地震勘探，基于天然震源的地震层析成像为研究盆地基底和周边深部背景提供了更有效的手段。结合地震和噪声互相关的面波层析成像方法，获得的四川盆地 S 波速度剖面清晰反映了盆地的深部结构特征（宋晓东 等，2015）。

地壳厚度从青藏高原的 60 km（最深可达 70 km）降低到扬子板块的 40 km。盆地上地壳的平均 S 波速度绝大部分都表现为低速，这反映了盆地内发育了很厚的沉积层。四川盆地中地壳及以下的 S 波速度比周围区域同一深度范围的要高，顶部地幔中的波速差异尤为明显。从盆地到山脉，地壳明显增厚，而盆地下方的高速性质表明盆地所在区域都是低温和坚硬的块体。这些结果表明，四川盆地是比较冷和坚硬的块体，在挤压环境下不易变形。四川盆地周边的盆山过渡带莫霍面发生的明显变化可能是重力均衡的结果。盆地范围内的沉积层厚度、地壳及地幔速度，以及莫霍面深度在横向上显示东西略有差异（见图 3-5），表明区域构造挤压的控制很可能涉及盆地的整个岩石圈，对四川盆地的形成和构造演化意义重大（宋晓东 等，2015）。

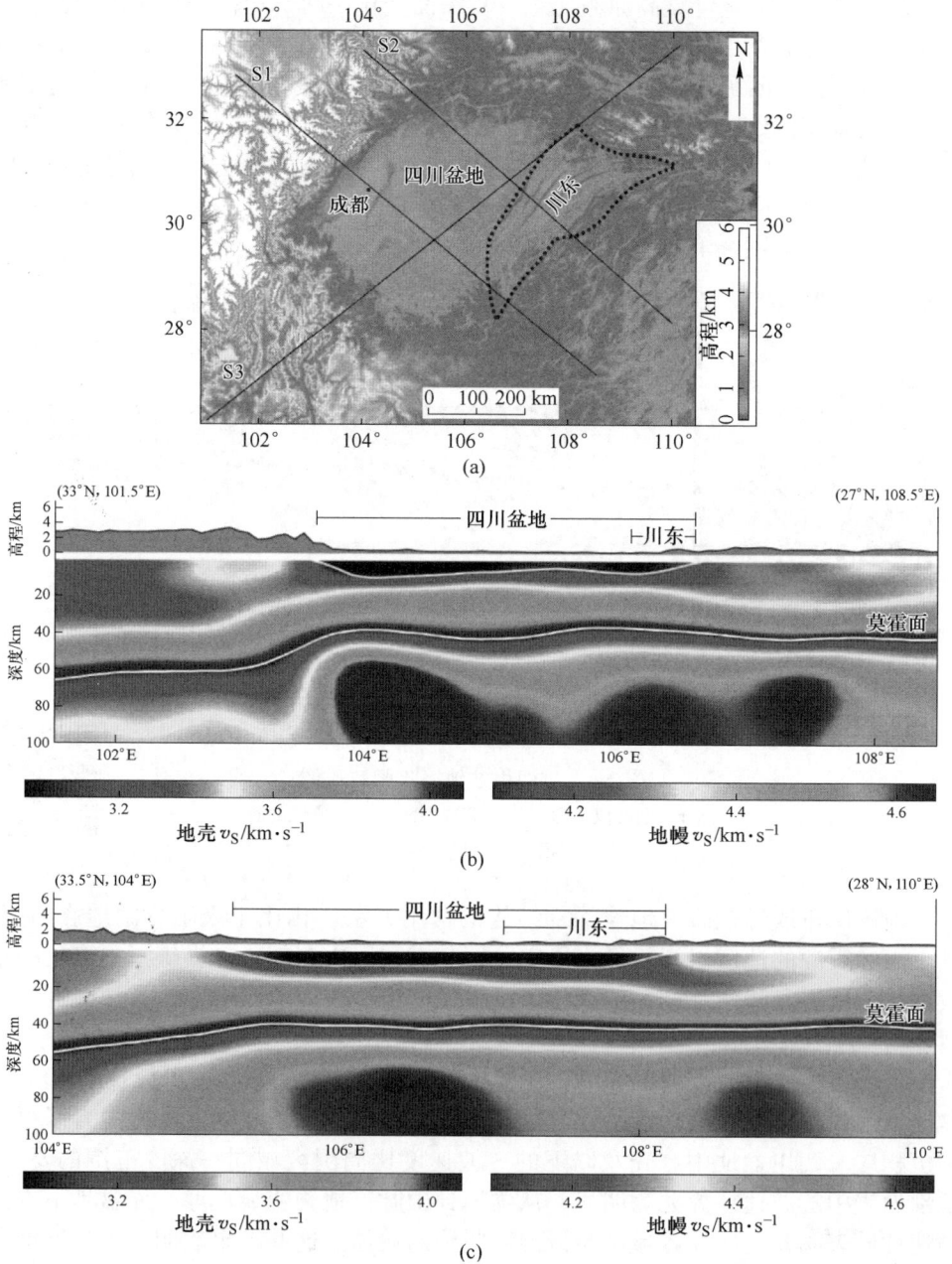

(a)

(b)

(c)

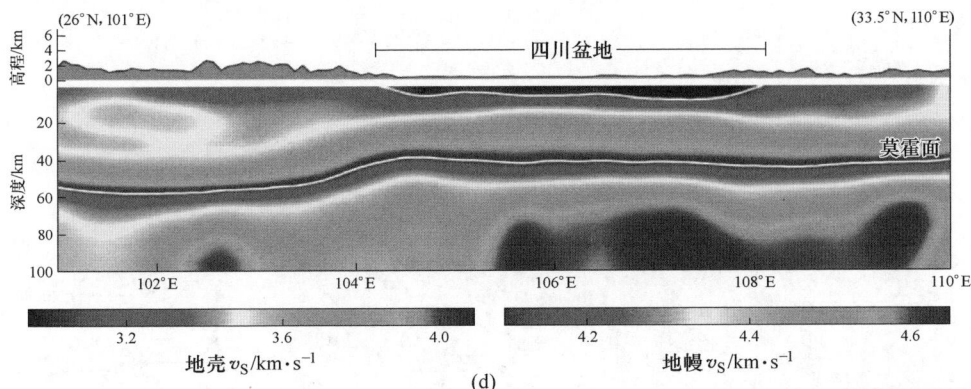

图 3-5 彩图

图 3-5 过四川盆地的三条波速度剖面

(a) 剖面位置图；(b) S1 剖面，北西—南东向；(c) S2 剖面，北西—南东向；

(d) S3 剖面，南西—北东向

（据宋晓东 等，2015）

3.2 基底构造分区

3.2.1 基底的横向分区

基于航磁、深部地震和区域地质资料的综合分析，四川盆地基底岩性在平面上可以划分为三个区（罗志立，1998；汪泽成 等，2008），显示了四川盆地基底在横向上的不均一性（见图 3-6）。

（1）川西区：以龙门山断裂和龙泉山-巴中-镇巴断裂为界的区域。在航磁异常图上基本表现为负磁异常，绵阳地区发育的基性岩对应正异常圈闭（见图 3-3和图 3-6）。结合邻区盆缘露头，推测该基底可能是中元古界的褶皱基底。基底埋藏深度为 6~11 km，最深处在德阳附近（罗志立，1998）。

（2）川中区：龙泉山-巴中-镇巴断裂和华蓥山断裂之间的区域，从乐山至通江表现为高值正异常（见图 3-3），这一特征与基性和超基性岩体相符。威远穹隆之下发育花岗岩，表示该区基底应为太古界—古元古界的结晶基底（见图 3-6）。基底埋深较川西区更浅，为 4~11 km，从威远地区的 4 km 向北东方向逐渐降低至通江地区的 11 km（罗志立，1998）。

（3）川东区：位于华蓥山断裂以东，齐岳山断裂以西。航磁异常图上，整体表现为低值正异常或负异常，石柱地区因花岗岩体的发育呈高值正异常圈闭（见图 3-3 和图 3-6）。出露于盆缘的板溪群为弱磁性或非磁性的板岩，据此推测川东基底应为板溪群。此区基底埋深为 8～11 km，石柱地区最深（罗志立，1998）。

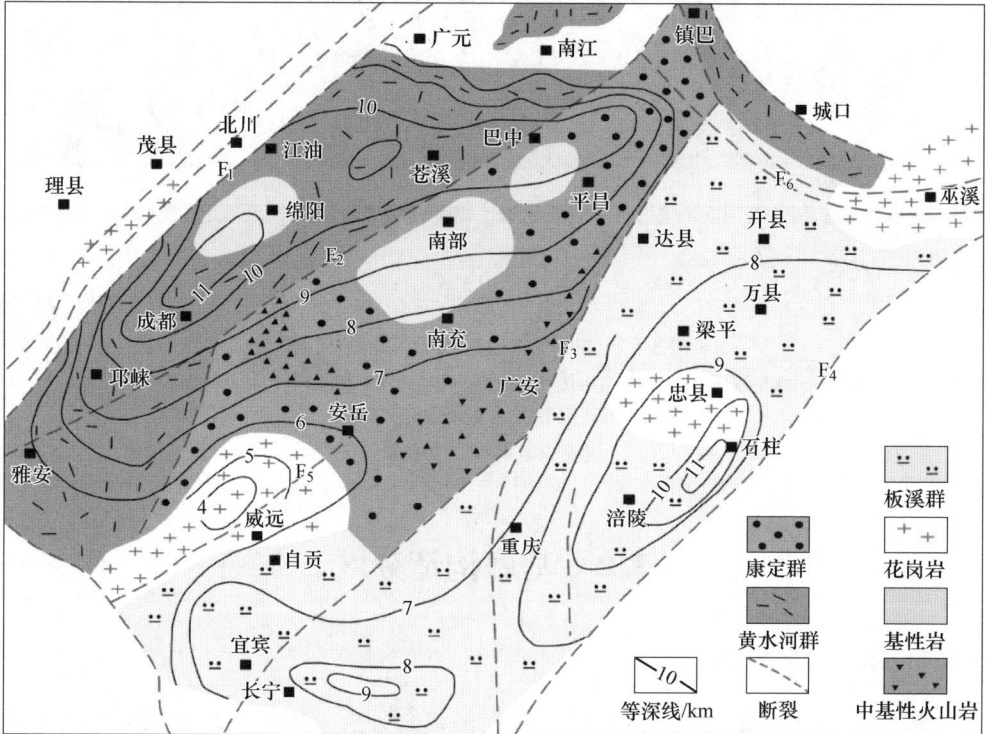

F₁—龙门山前断裂；F₂—龙泉山－巴中－镇巴断裂；F₃—华蓥山断裂；F₄—七曜山断裂；F₅—威远－安岳断裂；F₆—城口断裂

图 3-6　四川盆地基底岩性分区图
（据汪泽成 等，2008；张红波，2019）

图 3-6 彩图

　　重磁构造解译揭示，四川盆地深层构造复杂，基底构造形迹总体表现为北东向。基底断裂以北东向和北西向为主，其中华蓥山断裂和龙泉山断裂的规模最大。北西向的基底断裂主要发育于川中地区，且多受华蓥山断裂和龙泉山断裂的限制。盆地内多个区域有基性火山岩和裂谷的响应，尤其是在川中地区。深部裂谷盆地多为北东向展布，且受基底断裂的控制，其两侧与基底断裂伴生的基性火山岩应是裂谷初期火山活动的表现。川中和重庆以西发育了北东向裂谷，南充－涪陵之间和大足以西存在北西向裂谷。川东地区整体上多发育北东向基底断裂，基性火山岩主要发育于石柱地区，川东南部则发育了两个北东向和一个北西向裂谷（见图 3-7）。

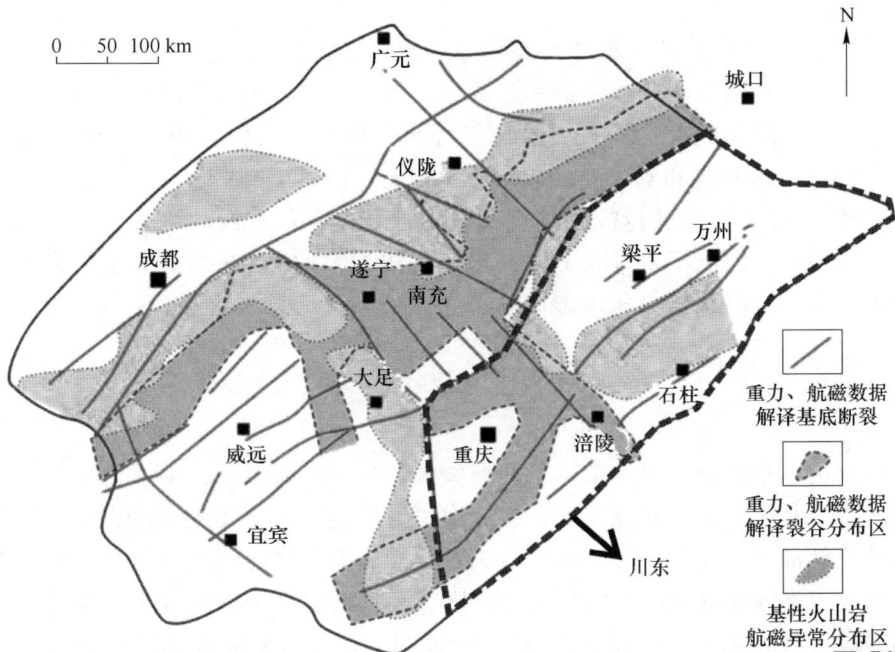

图 3-7 四川盆地深层构造的重力、航磁数据解译图

(据汪泽成 等，2014)

图 3-7 彩图

3.2.2 基底的纵向分层

四川盆地基底垂向上分三层，自下而上分别为：形成于太古宙—古元古代的结晶基底层、形成于中元古代的褶皱基底层和形成于新元古代的过渡基底层。川中地区的基底是仅由结晶基底和过渡基底组成的双层结构，而川西地区和川东地区则具有三层结构（宋鸿彪和罗志立，1995；罗志立，1998；汪泽成 等，2008；刘树根 等，2011）。

（1）太古宇—古元古界结晶基底层：该层出露于盆地西南缘的"康滇地轴"上，康定群是其中的代表地层，由一套表现为高磁性和高重力的中基性火山岩组成的深变质岩和基性—超基性岩侵入体构成（罗志立，1998）。川中物理场对此有明显响应（见图 3-1 和图 3-3）。

（2）中元古界褶皱基底层：该层主要是由"康滇地轴"上的昆阳群、会理群，龙门山褶断带上的黄水河群和汉南地块上的火地垭群等组成，是一套时限 1700~1000 Ma 的陆源碎屑岩、碳酸盐岩及火山喷发岩组成的岛弧前缘冒地槽沉积。在晋宁运动后，发生褶皱变形，上覆于康滇-川中-鄂西岛弧的前缘（宋鸿彪和罗志立，1995；罗志立，1998）。主要的物理场响应位于川西和川东（见

图 3-1和图 3-3)。

（3）新元古界下震旦统过渡基底层：该层岩类复杂，有代表岛弧张裂构造背景下的火山岩喷发的开建桥组和苏雄组，有代表岛弧边缘的砂砾岩磨拉石沉积的马槽园组，川东则有代表弧后盆地复理石沉积的板溪群（见图 3-6），硬化程度相对较弱（宋鸿彪和罗志立，1995；罗志立，1998）。

后经澄江运动，四川盆地的基底基本趋于稳定，沉积层填平补齐，包括南沱组和陡山沱组，但已不发育火山岩，基底被夷平。下震旦统的灯影组成为四川盆地的第一套盖层沉积岩（宋鸿彪和罗志立，1995；罗志立，1998）。

3.3　小　　结

（1）川东布格重力异常整体呈两低值区环绕一高值圈闭，中下地壳的重力异常在南西—北东向上具有三分性。中部为一自盆地东南缘伸入的高异常圈闭，两侧为低值异常（熊小松 等，2015）。航磁异常显示石柱地区有一个高值正异常圈闭，对应中下地壳异常图上的高值异常区，存在的多个异常梯度带可能是基底断裂的响应（谷志东和汪泽成，2014）。这表明川东中部基底断块以高密度和高磁性为特征，结构相对强硬；两侧是低密度和低磁性的断块，结构相对较软弱。

（2）深部速度结构表明，坚硬的四川盆地阻挡了西藏东缘向东的物质流动，川东地区在深约 5 km 和 10～15 km 的地方存在两个低速异常带（Xu et al.，2013），可能是寒武系膏盐层及基底软弱界面的响应。盆地所在区域都是相对低温和坚硬的块体，盆地范围内的沉积层厚度、地壳及地幔速度，以及莫霍面深度在横向上显示东西略有差异，区域构造挤压的控制很可能涉及盆地的整个岩石圈（宋晓东 等，2015）。

（3）华蓥山断裂和齐岳山断裂之间的川东基底区推测为板溪群，石柱地区发育岩浆岩侵入体（罗志立，1998；汪泽成 等，2008）。川东南部发育多个受基底断裂控制的裂谷，且两侧发育伴生基性火山岩（汪泽成 等，2014）。川东基底垂向上有三层结构，自下而上分别为：形成于太古宙—古元古代的结晶基底层、形成于中元古代的褶皱基底层和形成于新元古代的过渡基底层（宋鸿彪和罗志立，1995；罗志立，1998）。

4 川东基底断裂分布

由于基底断裂的发育规模通常较大，其存在通常会导致断裂两侧的地质体在成分、结构乃至物理性质上存在差异。某些基底断裂的活动还可能伴随着岩浆的上升和侵入，进一步加剧了物质的差异性。因此，当盆地内部存在基底断裂时，这些断裂会在重力和磁力异常上产生明显的反映。具体来说，可能会观察到异常梯度带的出现，这些梯度带标志着物理性质发生显著变化的地带；还可能看到线性异常带的延伸，它们往往与断裂的走向相吻合；此外，串珠状分布的异常带也是基底断裂存在的有力证据，这种分布模式可能是由断裂带内多个局部异常点沿断裂线排列所致（徐鸣洁 等，2005；Kolawole et al.，2018；Vasconcelos et al.，2019）。

基底断裂不仅在地球物理场上留下痕迹，它们还通常控制着整个盆地的构造格局，是盆地形成和演化的关键因素之一。地表上观察到的构造特征，也能在一定程度上间接反映基底断裂的分布情况。然而，要深入了解盆地深部的结构，特别是基底断裂的具体位置，需要借助更为精确的手段。地震剖面正是这样一种能够清晰反映盆地深部结构的工具，它通过分析地震波在地下传播过程中的反射和折射现象，可以对基底断裂进行定点识别，精确描绘出断裂在地下的延伸和形态。

因此，本书在综合重力异常、磁力异常以及地表构造特征进行定带分析的基础上，进一步利用地震剖面资料，通过细致的地震构造解释，对川东地区的基底断裂进行了定点刻画。

4.1 地球物理响应

在解读重力和磁力异常图时，可以依据一系列显著的特征来推断基底断裂的存在及其主要特征。这些特征主要包括：

（1）走向明显的梯度带：当在重力和磁力异常图上观察到走向清晰、梯度变化显著的带状区域时，这往往是基底断裂存在的直接证据。梯度带的明显变化反映了地下物质物理性质的突变，这与基底断裂的切割作用密切相关。

（2）不同性质或不同特征的异常场的分界线：在重力和航磁异常图上，如果观察到两种或多种性质、特征截然不同的异常场之间的明确分界线，这通常意味着这些异常场是由不同的地质体或构造单元引起的。而基底断裂往往正是这些不同地质体或构造单元之间的边界，因此，这样的分界线可以作为推断基底断裂的重要依据。

（3）条带状异常在其轴向上突然中断、转折或异常轴的水平错动：条带状异常的连续性是地质体连续性的反映。当在图上观察到条带状异常在其轴向上突然中断、发生转折或异常轴出现水平错动时，这通常意味着地下存在某种地质构造的干扰或切割作用。在这种情况下，基底断裂很可能是造成这种异常变化的主要原因。

（4）主要由岩浆岩体的磁性和密度差异引起的串珠状异常：岩浆岩体的存在往往会在重力和磁力异常图上产生独特的串珠状异常。这种异常模式不仅反映了岩浆岩体的磁性和密度特征，还可能与岩浆活动相关的基底断裂密切相关。因为岩浆的上升和侵入往往受到基底断裂的控制和引导。

此外，在推断基底断裂的具体位置时，还需要考虑其倾向性因素。基底断裂在地表的位置通常位于线性异常所指示的断裂倾向的对面一侧。这一规律有助于更准确地定位基底断裂的位置（赵俊猛 等，2008；李洪奎，2020）。

4.1.1　航磁异常响应

小比例尺的航磁异常图由于其比例尺较小，通常用于展示较大范围的磁异常变化规律。在地质解释上，小比例尺航磁异常图能够揭示区域性的地质构造特征。因此，本书首先利用小比例尺的大区域航磁异常图对川东地区进行分析。在这一过程中，成功识别出了该区域内的 9 条重要的基底断裂。为了更系统地理解和分类这些基底断裂，依据它们在航磁异常图上的反映程度、延伸长度及相互之间的切割关系，将其划分为三个不同的级次（见图 4-1）。

一级基底断裂在航磁异常图上的反映尤为明显，它们的延伸长度超过300 km。这些断裂不仅在地质构造上扮演着举足轻重的角色，还对其他级别的基底断裂（包括二级和三级基底断裂）产生了显著的限制和影响。它们的存在，如同地质构造网络中的主干线，对整个区域的构造格局起着决定性的作用（见图 4-1）。

二级基底断裂在航磁异常图上同样有较为明显的反映，尽管它们的延伸长度相较一级基底断裂有所缩短，但仍可达到约 200 km。这些断裂在地质构造中同样占据重要地位，它们不仅影响着区域的地质演化，还对三级基底断裂产生了限制作用（见图 4-1）。

三级基底断裂的延伸长度介于 100~150 km，虽然它们在航磁异常图上的反映明显弱于一级基底断裂和二级基底断裂，但在地质构造中仍扮演着不可忽视的角色。这些断裂的存在，进一步丰富了区域的地质构造网络，为揭示地质演化的复杂性提供了重要的线索（见图4-1）。

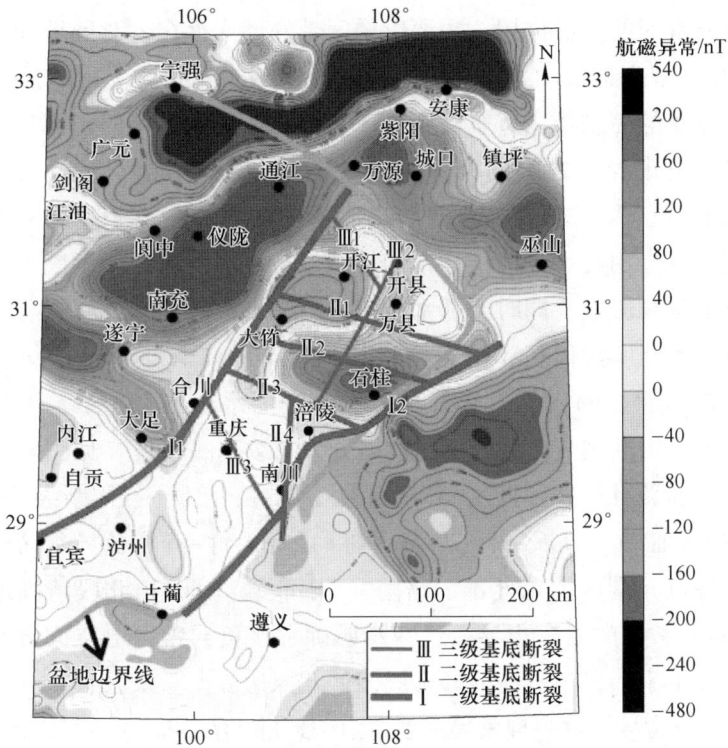

图 4-1　川东及周缘航磁异常与川东基底断裂的叠合图
（底图据谷志东和汪泽成，2014）

图 4-1 彩图

　　一级基底断裂有两条：华蓥山断裂（Ⅰ1）和齐岳山断裂（Ⅰ2）。这两条断裂带在航磁异常图上呈现出明显的特征，它们不仅是大型正负异常区域之间的明确分界线，还构成了走向鲜明的梯度带，为地质结构的解析提供了重要线索。华蓥山断裂（Ⅰ1）的北段清晰地划分了南充–通江正异常区与大竹–开江负异常区。这一区域的磁异常变化呈现出快速变化的梯度带，表明断裂带两侧的地质体磁性差异显著。而在华蓥山断裂（Ⅰ1）的南段，则导致了大足地区原本连续的条带状高值正异常突然中断，这一现象进一步凸显了断裂带对地质结构的影响。齐岳山断裂（Ⅰ2）作为盆地边界的重要断裂带，分隔了鄂西负异常区与重庆–石柱正异常区。在齐岳山断裂（Ⅰ2）的北段，磁异常变化同样呈现出快速变化的梯度带，与华蓥山断裂（Ⅰ1）北段的特征相似。然而，在其南段，磁异常的梯度变化则相对平缓，这可能与断裂带在该区域的具体地质特征有关（见图4-1）。

二级基底断裂有四条：双庙-罗田断裂（Ⅱ1）、前锋-石柱断裂（Ⅱ2）、邻水-涪陵断裂（Ⅱ3）和长寿-南川断裂（Ⅱ4）。这些断裂带在地质构造中起到分隔小型正负异常区的关键作用，主要以梯度带的形式存在，对区域地质结构产生了影响。双庙-罗田断裂（Ⅱ1）西段清晰地划分出正负异常区，展示了断裂带对磁性异常分布的控制作用。东段则进一步细化了正异常区的内部特征，成为中值正异常与低值正异常之间的分界。前锋-石柱断裂（Ⅱ2）和邻水-涪陵断裂（Ⅱ3）在石柱地区共同构成了北西向高值正异常的南北边界。这两条断裂带的存在，不仅进一步明确了高值正异常的空间分布范围，还揭示了断裂带对磁性异常分布规律的深刻影响。同时，邻水-涪陵断裂（Ⅱ3）还兼具分隔正负异常区，其梯度带特征也有明显体现。长寿-南川断裂（Ⅱ4）在正负低值缓变化异常区之间形成了较为明显的分界。尽管其北端受到邻水-涪陵断裂（Ⅱ3）的限制，但其切割了齐岳山断裂（Ⅰ2），因此被划分为二级基底断裂（见图4-1）。

三级基底断裂有三条：宣汉-开江断裂（Ⅲ1）、涪陵-云阳断裂（Ⅲ2）和璧山-綦江断裂（Ⅲ3）。宣汉-开江断裂（Ⅲ1）是大竹-开江负异常区的重要边界之一，位于该负异常区的东北部。涪陵-云阳断裂（Ⅲ2）北段清晰地划分出了大竹-开江负异常区的南东边界，进一步明确了该负异常区的空间分布特征。其南段则是石柱土家族自治县高值异常圈闭的北西边界。重庆及其以南地区存在北西向缓变化的异常场，这一现象揭示了璧山-綦江断裂（Ⅲ3）的分布特征（见图4-1）。

这些基底断裂在地质构造中呈现出明显的方向性特征，可以按照其走向划分为北东向、北西向以及南北向三组。在这三组断裂中，以北西向和北东向的断裂为主，它们在地质结构中占据主导地位，对基底的整体构造格局产生了深远的影响。北西向和北东向的断裂带以其强烈的切割作用和广泛的空间分布，将基底分割成众多形状各异的菱形、多边形断块体。它们的存在不仅揭示了地质构造的复杂性和多样性，还为研究区域地质演化提供了重要的线索和依据。而南北向的断裂虽然数量相对较少，但在某些特定区域也扮演着重要角色，对地质结构的稳定性和演化产生了不可忽视的影响。这些基底断裂按照走向分类，不仅有助于我们更清晰地认识地质构造的格局和特征，还为研究地质演化提供了重要的视角和思路（见图4-1）。

大比例尺的航磁异常图在揭示地质结构方面展现出了独特的优势，特别是在反映盆地深部结构和识别基底断裂方面，其清晰度远胜于小比例尺的航磁异常图。通过运用这种高精度的大比例尺航磁异常图，能够更准确地捕捉盆地深部结构的细微变化，这些变化往往与基底断裂的分布和特征密切相关。鉴于此，本书在初步利用小比例尺航磁数据进行基底断裂识别的基础上，进一步采用了比例尺为 1:20 万的大比例尺航磁异常图，以期对基底断裂的分布情况进行更为详尽和深入的分析。

在对 ΔT 磁异常进行解释之前，需要先进行化极处理，将磁性体引起的磁异常转换为该磁性体在垂直磁化条件下产生的磁异常，从而使异常解释变得更加容易，且提高了异常解释的准确度。磁异常化极，是将位于地磁极地以外的磁性地质体引起的磁异常换算为假定磁性地质体位于地磁极处所引起的磁异常。由于实测 ΔT 磁异常受斜磁化的影响，异常本身与磁性地质体之间的对应关系较为复杂，使得对 ΔT 磁异常的直接解释比较困难。而垂直磁化条件下的垂直磁异常与磁性地质体之间的对应关系就简单、密切得多（袁照令和李大明，1998；杨恬等，2005）。对那些频率高、幅值低的航磁异常，航磁 ΔT 等值线平面图上通常会受到网格化取数圆滑滤波的影响以及成图精度的制约，往往显示不清或被漏掉。而在航磁 ΔT 剖面图上，较小的局部异常和短波异常可能会被较大的异常背景所掩盖，不容易识别出来，因此还需提取航磁剩余异常。基于磁异常随着测点与场源之间距离的增大而衰减的原理，小而浅的地质体比大而深的地质体磁场衰减更快，因此向上延拓可以压制或削弱局部异常的干扰，突出深部异常，是深部构造研究的重要手段（张文志，2015；刘光鼎，2018）。为分析基底断裂分布特征，本节对航磁异常进行了向上延拓处理。

大比例尺航磁化极图中基底断裂特征与小比例尺航磁图上的基本一致，但更加明显。基底断裂的异常反映仍主要表现为异常梯度带和不同性质、不同特征异常区的分界线（见图 4-2（a））。剩余航磁异常图展示了更多的地质细节，这使得基底断裂的特征得到了进一步凸显，尤其是双庙-罗田断裂（Ⅱ1）、前锋-石柱断裂（Ⅱ2）、邻水-涪陵断裂（Ⅱ3）、宣汉-开江断裂（Ⅲ1）和璧山-綦江断裂（Ⅲ3）的异常反映。双庙-罗田断裂（Ⅱ1）西段分隔正负异常区，其南侧的大竹负异常区呈北东向，而北侧的开江地区则有多个北西向排布的小型串珠状正异常圈闭。垫江-石柱正异常区呈北西向延伸，其北边界和南边界的明显梯度带分别是前锋-石柱断裂（Ⅱ2）和邻水-涪陵断裂（Ⅱ3），垫江和石柱两个高值异常圈闭被邻水-涪陵断裂（Ⅱ3）南段分隔。前锋-石柱断裂（Ⅱ2）西段也是邻水和大竹两个负异常区的鞍部。重庆-南川地区存在一个北西向正异常圈闭，璧山-綦江断裂（Ⅲ3）是其西边界（见图 4-2（b））。

在向上延拓 5 km 的过程中，部分浅部异常被压制，但基底断裂的异常反映

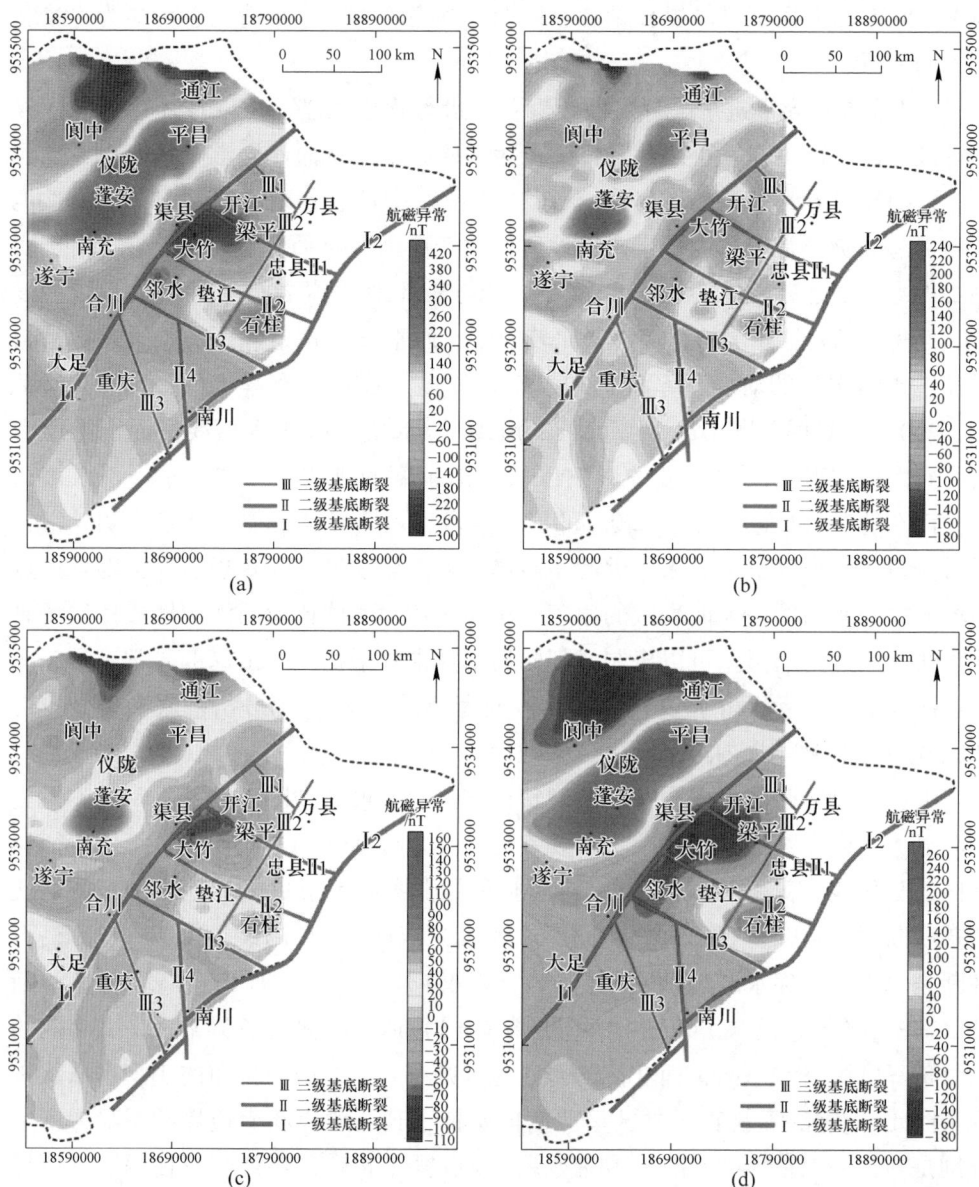

图 4-2　川东 1：20 万航磁异常与基底断裂叠合图

(a) 航磁化极异常（底图据谷志东 等，2013）；

(b) 剩余航磁异常（底图据李洪奎，2020）；

(c) 向上延拓 5 km；(d) 向上延拓 10 km

图 4-2 彩图

变化不大（见图4-2（c））。向上延拓至10 km时，浅部异常进一步被压制，部分基底断裂的异常反映发生改变、减弱或消失。开江地区的北西向串珠状异常消失，双庙-罗田断裂（Ⅱ1）的异常特征减弱，成为大竹低值负异常圈闭的边界。宣汉-开江断裂（Ⅲ1）则是缓变化正负异常区的分界。垫江地区的高值异常圈闭转变为异常梯度带，邻水-涪陵断裂（Ⅱ3）南段的异常反映表现为石柱高值圈闭的西边界。重庆-南川地区的正异常圈闭消失，表明璧山-綦江断裂（Ⅲ3）切割较浅（见图4-2（d））。

整体上来看，华蓥山断裂（Ⅰ1）在航磁异常图中的表现尤为显著，其切割深度较大，使得即使在向上延拓10 km的航磁异常图上，仍然能够清晰观察到它作为分隔正负异常区的梯度带。这一特征彰显了华蓥山断裂在川东构造中的重要地位。除了华蓥山断裂（Ⅰ1）外，双庙-罗田断裂（Ⅱ1）、前锋-石柱断裂（Ⅱ2）、邻水-涪陵断裂（Ⅱ3）、长寿-南川断裂（Ⅱ4）和涪陵-云阳断裂（Ⅲ2）的异常反映也相当明显，且这些断裂的异常特征相对稳定。相比之下，宣汉-开江断裂（Ⅲ1）的特征在航磁异常图中的表现则随着向上延拓的高度的增加而逐渐减弱。而璧山-綦江断裂（Ⅲ3）的异常反映则最为微弱，其切割深度也最浅（见图4-2）。由于资料的限制，本书没有对齐岳山断裂（Ⅰ2）进行大比例尺航磁异常分析。

4.1.2　重力异常响应

布格重力异常是地表及地下诸多密度不均匀性因素的综合反映（刘光鼎，2018）。断裂作为一种重要的地质构造，可以引起地质体在三维空间中的显著的位移和错断。这种位移和错断不仅改变了地质体的原有结构，还导致其两侧的地层密度发生显著变化。由于地层密度的这种差异，通常会在重力异常图上产生明显的异常响应。因此，基底断裂在重力异常图中的重要表现之一就是划分不同异常区的异常变化梯度带。为了更准确地识别基底断裂，需要对盆地布格重力异常进行进一步的处理。通过去噪、去除莫霍面重力异常和沉积盖层重力异常，可以获得中—下地壳的重力异常图。这种处理后的重力异常图更有利于识别基底断裂（熊小松 等，2015）。华蓥山断裂（Ⅰ1）南段表现为高值正异常圈闭和低值正异常区的分界线，北段则是两个高值异常圈闭的鞍部。齐岳山断裂（Ⅰ2）南西段的异常反映较弱，北东段则是高值正异常圈闭的北西界线。川东内部整体呈三分性，中部是以双庙-罗田断裂（Ⅱ1）和邻水-涪陵断裂（Ⅱ3）为界的高值正异常区，南部和北部是两个低值正异常区。长寿-南川断裂（Ⅱ4）切割齐岳山断裂（Ⅰ2），并且也是异常区分界（见图4-3）。

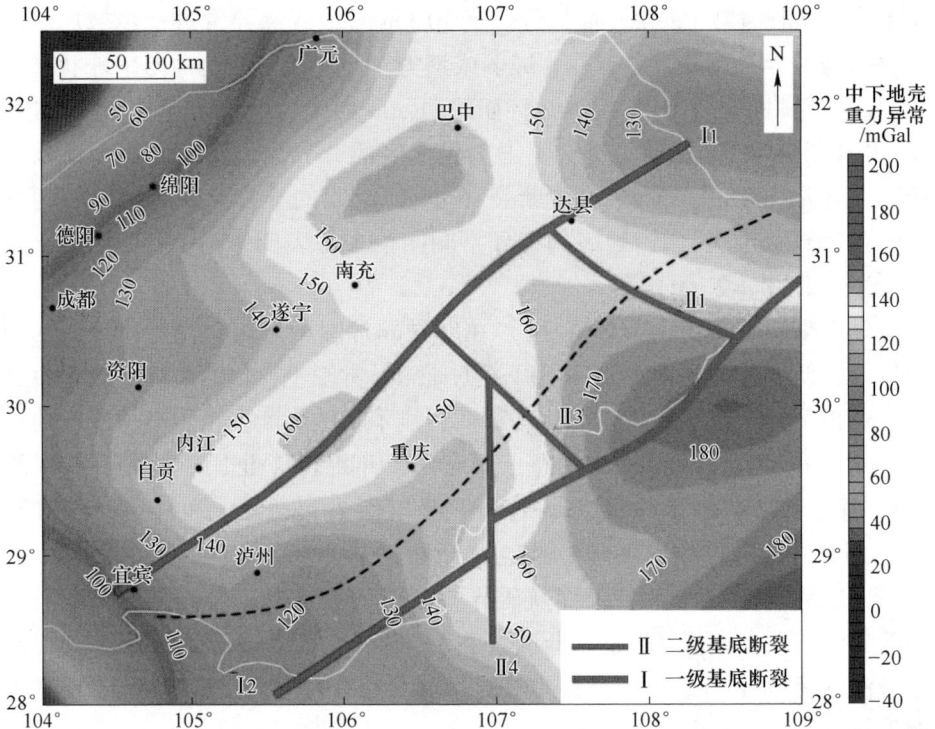

图 4-3　四川盆地及周缘中下地壳重力异常与川东基底断裂的叠合图

（1 mGal = 10^{-5} m/s²）

（底图据熊小松 等，2015）

图 4-3 彩图

4.2　地表构造响应

　　基底断裂作为地壳深部的关键构造要素，通常在盆地构造分区扮演主导角色。这些断裂不仅深刻影响着盆地的形成与演化历程，还常在其两侧展现出截然不同的构造特征。具体而言，变形强度、构造类型及构造走向的差异性，都是基底断裂两侧构造特征显著差异的体现。地表构造特征作为地壳表层结构与活动的直观反映，与基底断裂之间存在着千丝万缕的联系。地表上错落分布的断层以及形态各异的褶皱，都是地壳内部构造活动在地表的直接体现，这些特征展示了地壳内部构造活动的规律性。通过细致入微地观察与分析地表构造特征，能够推断出基底断裂的存在和位置。前人基于地表构造特征的深入研究，已经推测出川中地区可能存在多达十余条重要的基底断裂（王英民 等，1991）。川东地区的地表构造特征极为显著，呈现出一种清晰且有序的规律性展布。这种规律性不仅体现在地质构造的形态和分布上，更在于其内在的逻辑性和关联性中。对于基底断裂的研究，地表构造的规律性展布为进一步分析提供了强有力的支持。

根据地表构造特征识别基底断裂是一个综合考量多方面因素的地质分析过程，这一过程主要侧重于以下几个关键方面。

（1）变形强度的变化：地表岩石或地层的变形程度（如断裂、褶皱的密集程度与剧烈程度）往往是基底断裂存在及其活动性的直接反映。在基底断裂的周边区域，地壳内部积累的应力在断裂处得到释放，这一过程导致断裂上下盘出现不同程度的变形。通常，这种变形在断裂的直接影响下呈现出显著的差异性。具体而言，断裂上盘可能会因为应力的突然释放而经历较为剧烈的变形，如强烈的褶皱、断裂或抬升；相比之下，断裂下盘则可能因应力传递的减弱而变形程度较轻。

（2）地层发育的变化：地层序列的缺失、重复或厚度突变等现象，是基底断裂影响地层沉积和抬升的直接证据。在基底断裂的附近区域，由于断裂活动的影响，原本应该连续沉积的地层序列可能会出现明显的缺失。这通常意味着在某一地质时期，由于断裂活动，该区域的地壳可能经历了抬升或沉降，导致特定地层未能在此区域沉积，或者沉积后被后续的构造活动所剥蚀。此外，地层序列的重复出现也是基底断裂活动的直接反映。在断裂的影响下，地层可能会因为断裂面的错断而发生位移，使得原本在不同地质时期沉积的地层在断裂带附近重叠在一起，形成地层序列的重复。地层厚度的突变也是基底断裂活动的一个重要指示。在断裂带附近，由于地壳应力的集中释放和地层的位移，某些地层的厚度可能会突然增加或减小，呈现明显的厚度变化。

（3）褶皱轴线系统性的偏转或扭动：褶皱，作为地壳在受到挤压、拉伸或剪切等外力作用下形成的弯曲变形现象，其形态多样，从平缓的波状起伏到陡峭的褶皱山脉，不一而足。褶皱的轴线，即褶皱形态上最为显著的弯曲部分所连成的线，通常反映了地壳应力的方向。在稳定的地质环境中，褶皱轴线往往呈现出连续、平滑且方向一致的特点，这反映了地壳应力场的相对稳定和均匀。当褶皱轴线出现系统性的偏转或扭动时，这往往预示着地壳内部应力场发生了显著的变化。这种变化可能源于地壳深处基底断裂的活动，断裂的开启、闭合或滑动都可能引发周围地壳应力的重新分布和调整。在基底断裂的影响下，地壳内部的应力场可能变得复杂而多变，导致褶皱轴线不再保持原有的方向和连续性，而是呈现出明显的偏转或扭动。

（4）构造样式的变化：构造样式是指特定区域内地质构造的总体特征和组合方式，它反映了地壳变形的机制和模式。当基底断裂发育并活动时，常会引发地壳应力的重新分布和调整。这种应力的重新分布，往往会导致构造样式的变化。例如，在一个原本以简单平行褶皱为主的区域内，如果基底断裂开始活动，那么随着断裂带的扩展和地壳应力的调整，原有的平行褶皱可能会逐渐转变为更为复杂的逆冲推覆构造。因此，构造样式的突变，特别是从简单构造样式向复杂构造样式的转变，是识别基底断裂存在和活动的重要标志。

（5）地表断层的集中性发育：基底断裂的周边区域由于地壳内部应力的集中释放和基底断裂活动的直接影响，地表断层往往会以一种显著的方式集中性发育。这种集中性发育的特点表现在多个方面。首先，从数量上来看，基底断裂附近的地表断层明显增多；其次，这些断层的规模也往往较大，进一步凸显了地壳应力的强烈作用；最后，这些断层的走向往往趋于一致，这反映了地壳应力在特定方向上的集中作用，也暗示了基底断裂可能具有的主控作用。

综上所述，通过综合分析地表变形强度、地层发育、褶皱轴线偏转、构造样式变化以及地表断层集中性发育等特征，可以有效地识别基底断裂。有的基底断裂可能同时具备上述多种特征，而有的基底断裂则可能仅表现出其中的某一种或少数几种特征。

一级、二级和三级基底断裂在地表构造上的表现具有显著的等级差异。一级基底断裂作为地壳构造中的主导因素，扮演着构造分区界线的角色。一级基底断裂两侧，构造发育情况和地层出露特征存在显著的差异。相较于一级基底断裂，二级基底断裂对地表构造的影响较小，但仍然不容忽视。这些断裂会造成褶皱轴线的明显扭动，或者使得断裂带两侧的地质构造出现差异。这种影响虽然不如一级基底断裂那样显著，但仍然足以对地表构造的形态产生重要影响。三级基底断裂的影响则较弱。主要表现为褶皱的错动，即在局部区域，由于断裂的存在，使得褶皱形态出现微小的变化或错位（见图 4-4）。

4.2.1　一级基底断裂地表构造响应

（1）华蓥山断裂（Ⅰ1）：这是一条显著的地质分界线，其西侧展布着相对平缓的川中构造带与低缓的川北构造带，而东侧则紧邻着地势高峻、构造复杂的川东高陡构造带。从变形的强度与特征来看，华蓥山断裂的两侧存在着极为明显的差异。川东地区地壳运动活跃，导致了多个褶皱的形成，这些褶皱的核部常常伴随着断层的出露，显示出强烈的构造活动痕迹。相比之下，断裂西侧的构造则显得较为简单和平缓，褶皱数量相对较少，且形态上更为和缓，缺乏显著的断层出露现象，这反映了该区域在地质历史上的稳定。此外，两侧构造的走向也呈现出明显的不同。在川中及川北地区，构造线主要以北西向为主，形成了一系列与这一方向相一致的褶皱和断裂。然而，在川东地区，构造线的走向则转变为以北东方向为主（见图 4-4）。

（2）齐岳山断裂（Ⅰ2）：作为盆地地质构造上重要的东边界，其两侧在地层发育与构造样式上展现出显著的差异性。在齐岳山断裂的西侧，即川东地区，大面积出露侏罗系地层。在这一区域，褶皱构造尤为发育，其核部主要出露的是更为古老的三叠系地层，这些褶皱以隔挡式褶皱组合样式为主，特征为一系列相对平行的背斜与向斜相间排列，背斜紧闭而向斜开阔，形成了独特的构造组合样式。断裂的东侧，即鄂西地区，地表构造的面貌又发生了显著的变化。主要发育的是寒武系—三叠系地层，褶皱的样式转变为隔槽式褶皱，即褶皱之间形成了相对狭窄的凹槽或沟壑，与川东地区的隔挡式褶皱形成了鲜明的对比（见图4-4）。

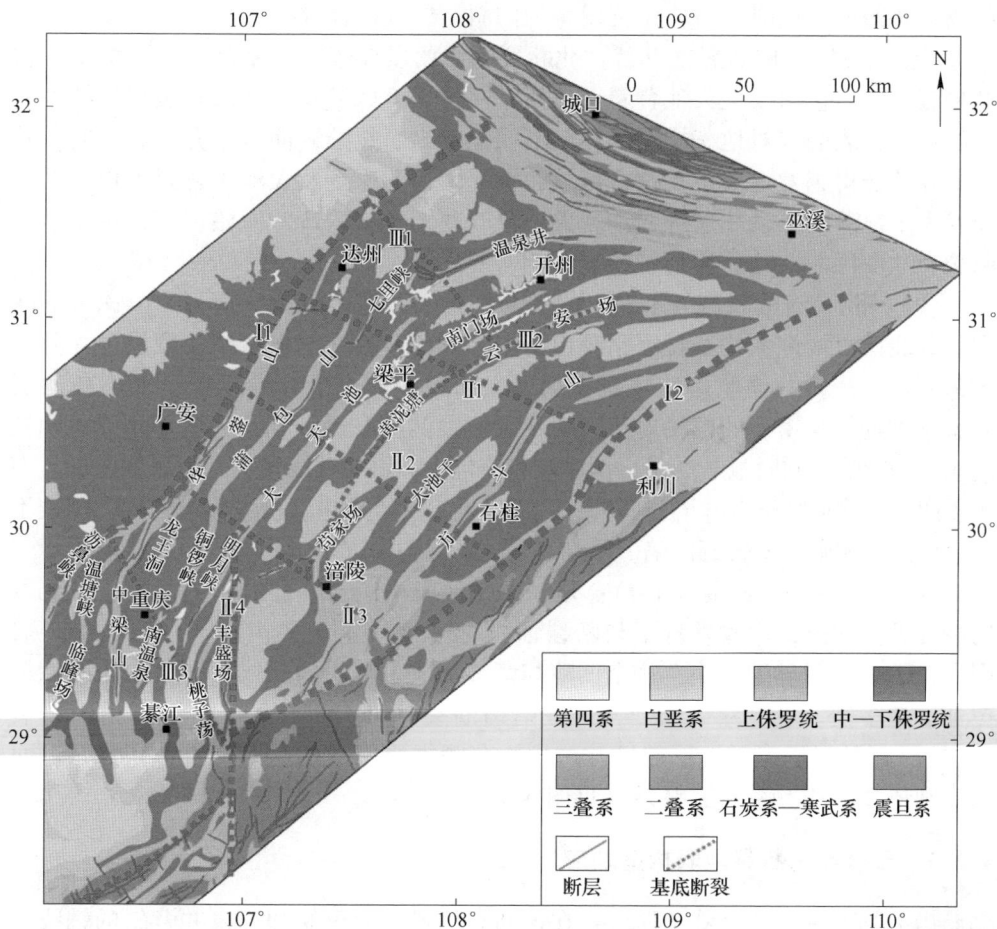

图 4-4　川东地质与基底断裂叠合图

（底图据 1∶20 万地质图编制）

图 4-4 彩图

4.2.2　二级基底断裂地表构造响应

（1）双庙-罗田断裂（Ⅱ1）：是一条显著的构造区划分界线，它将其两侧的构造分割成了截然不同的两部分，特别是在褶皱的规模和走向上展现出了明显的差异。在南西侧，华蓥山、蒲包山及大天池背斜等构造规模明显较大，它们的地表延伸长度均达到了约 100 km，且呈现出清晰的北北东向延伸趋势。相比之下，北东侧的构造则显得更为紧凑。云安场、南门场、方斗山、七里峡背斜等构造的延伸长度明显较短，其中云安场、南门场和方斗山背斜长约 80 km，而七里峡背斜更是仅有 50 km。这些背斜的轴线方向主要为北东向，与南西侧的背斜形成了鲜明的对比。此外，褶皱发育的位置也在其两侧呈现出明显的差异。七里峡和南门场背斜向南延伸时，对应位置发育为向斜结构（见图 4-4）。

（2）前锋-石柱断裂（Ⅱ2）：此断裂的北西段穿越了一系列显著的构造，包括华蓥山、蒲包山及大天池背斜。然而，在这一区域，断裂并没有展现出特别明显的特征，表明其对地表构造的控制不明显。当断裂继续向南东方向延伸时，其特征开始变得越发显著。在这一区域，黄泥塘、苟家场及大池干背斜等构造的轴线发生了显著的错动。这种错动现象不仅改变了背斜构造的原始形态，更揭示了断裂在这一区域对地质构造的明显影响（见图 4-4）。

（3）邻水-涪陵断裂（Ⅱ3）：是一条在地表构造上极为显著且影响深远的断裂。其北西段两侧的构造特征呈现出鲜明的对比，特别是在褶皱的规模上，差异尤为明显。一侧的地质构造规模小而密，而另一侧则发育着规模大而稀疏的褶皱。这种规模与密度的鲜明对比，揭示了断裂两侧在地质历史过程中所受不同构造应力的影响。同时显著的是，铜锣峡和蒲包山背斜的轴线发生了显著的扭动。南东段两侧的构造特征差异同样鲜明。一侧以发育褶皱为主，褶皱形态各异，规模不一。而另一侧则主要发育凹陷，限制了苟家场背斜的进一步延伸（见图 4-4）。

（4）长寿-南川断裂（Ⅱ4）：是一条在地表构造上特征鲜明的断裂。其北段的特征尤为明显，西侧发育了与断裂轴线平行的丰盛场背斜。而在背斜的东侧，则发育了一个明显的凹陷，这个凹陷与背斜形成了鲜明的对比。断裂南段的特征更加复杂多变。在这一区域，长寿-南川断裂（Ⅱ4）不仅错断了齐岳山断裂（Ⅰ2），还导致了出露地层的显著差异。东侧主要出露的是石炭系—寒武系，而西侧则还残存侏罗系和三叠系（见图 4-4）。

4.2.3　三级基底断裂地表构造响应

（1）宣汉-开江断裂（Ⅲ1）：在该断裂位置，七里峡和温泉井背斜的轴线发生了明显的错动。断裂带的北西段两侧，构造呈现出鲜明的对比。南西侧发育七里峡背斜，而另一侧则发育一个凹陷。更为显著的是，在地表基底断裂的对应位置，出露了多条北西向的小断层（见图 4-4）。

（2）涪陵-云阳断裂（Ⅲ2）：断裂带两侧，褶皱的排列密度呈现出差异性。断裂的南东侧，向斜构造的形态相对更为宽阔（见图 4-4）。

（3）璧山-綦江断裂（Ⅲ3）：自北向南，在这一断裂的影响下，温塘峡、中梁山及桃子荡等背斜的轴线方向发生了明显的变化，由原本的北北东向逐渐转变为接近南北向。此外，龙王洞、铜锣峡和明月峡等背斜的南端，均受到了璧山-綦江断裂（Ⅲ3）的明显限制（见图 4-4）。

4.3 地震反射响应

地震反射剖面技术，特别是深反射地震剖面技术，具有卓越的探测深度能力。这项技术能够捕捉到源自地壳深部的微弱反射信号，这些信号如同地球内部的"低语"，为我们揭示了盆地深部复杂而精细的构造特征。通过一系列精细且复杂的数据处理流程，包括信号增强、噪声压制和波形分析等步骤，地震反射剖面技术能够进一步生成高分辨率的地下结构图像。这些图像不仅具有高度的细节表现力，而且能够清晰地描绘出盆地深部的各种构造细节。无论是断层这一地壳内部的"伤痕"，还是褶皱这一岩层弯曲变形的"印记"，甚至是岩浆活动等地球内部动力过程的遗迹，都能在地震反射剖面上得到较准确的识别和呈现。因此，这种能力使得地震反射剖面技术成为揭示盆地构造特征的重要工具。

本书挑选了 10 条地震剖面，以确保研究区域内的每一条基底断裂都能至少被一条地震剖面穿过（见图 4-5）。在对地震剖面精细解释的基础上，定点识别

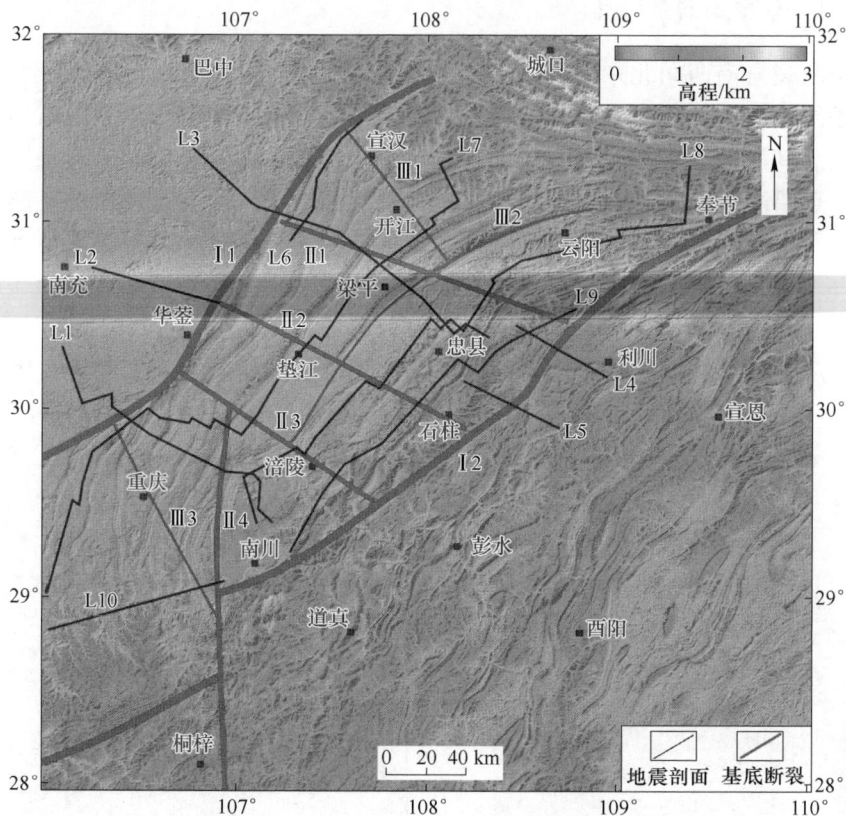

图 4-5 川东基底断裂与地震剖面位置图

图 4-5 彩图

基底断裂。通过结合钻井分层数据和区域地层对比，本书在剖面上对 10 个较清晰的地层底界面进行了追踪：震旦系（Z）、寒武系（∈）、下寒武统龙王庙组（$∈_1 l$）、中寒武统（$∈_2$）、奥陶系（O）、上奥陶统（O_3）、二叠系（P）、上二叠统（P_3）、上三叠统（T_3）和侏罗系（J）。前人研究表明，当存在基底滑脱面时，基底断层并不一定断入盖层（Withjack and Callaway，2000；Gabrielsen et al.，2016；Ge et al.，2017；Hardy，2018；Roma et al.，2018）。有时，盖层只会因形成基底断裂传播褶皱而发生起伏变化。由于基底反射常较杂乱，难以找到明显的标志层，因此在地震剖面上识别基底断裂时，除了寻找断点外，还可以依据盖层的明显起伏变化进行。基底断裂可能具有分段特征，即在不同的位置可能表现出不同的特征（Conneally et al.，2017；Wang et al.，2018；Xu et al.，2018）。由于地震剖面的质量存在差异，因此基底断裂并不一定在所有穿过它的地震剖面上都有显示，且在不同剖面上的特征也不一定相同。

4.3.1　一级基底断裂地震反射响应

4.3.1.1　华蓥山断裂（I1）

华蓥山断裂自南西向北东方向延伸，依次穿过 L1、L2 和 L3 三条地震剖面，并在每一条剖面上都展现出了明显的特征。在 L1 和 L3 上，华蓥山断裂清晰地显示为逆断层。其深部近乎垂直，而浅部则倾向南东向，在切入盖层时，造成了盖层地层的显著错断。同时，上盘地层中发育有褶皱和断层，而下盘地层的变形则相对较弱（见图 4-6（a）和（b））。然而，在 L2 上，华蓥山断裂的表现则有所不同。它并未切入盖层，而是仅仅使盖层形成了传播褶皱，这种褶皱表现为盖层的起伏变化。同时，断裂上下盘的基底反射轴倾角也存在明显的差异（见图 4-6（d）和（e））。值得注意的是，由于剖面中存在两条倾向相向的基底断裂，因此

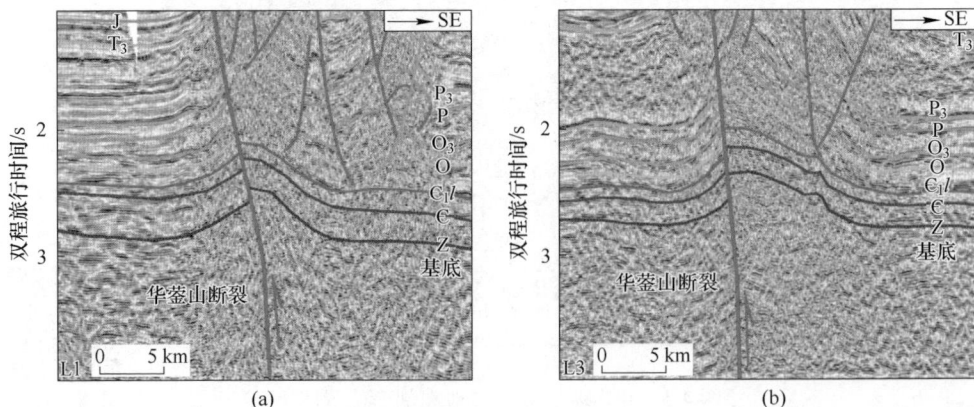

（a）　　　　　　　　　　　　　　　　（b）

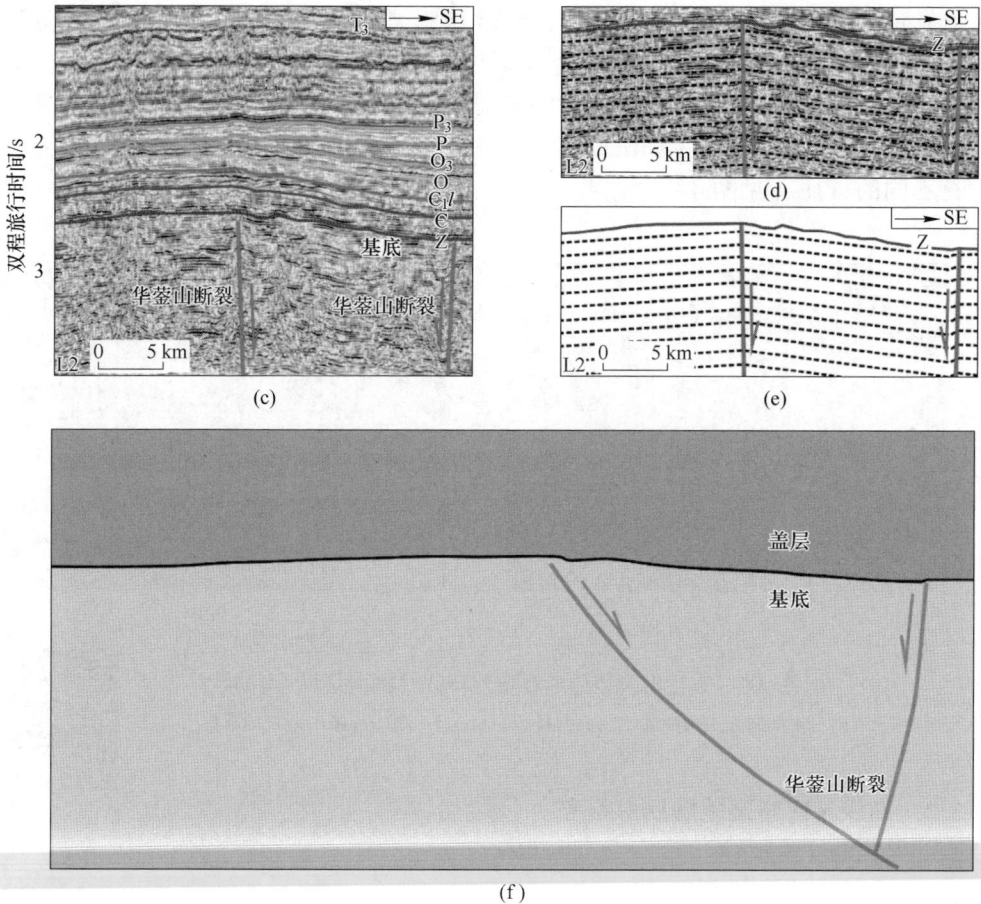

图 4-6　华蓥山断裂的地震反射特征（剖面位置见图 4-5）

（a）L1 剖面华蓥山断裂地震反射特征；（b）L3 剖面华蓥山断裂地震反射特征；

（c）~（e）L2 剖面华蓥山断裂地震反射特征；

（f）推测的 L2 剖面华蓥山断裂深部延伸特征

图 4-6 彩图

有理由推测它们在深部可能呈"Y"形组合（见图 4-6（f））。此外，与 L1 和 L3 相比，华蓥山断裂在 L2 上还表现出了正断层的特征（见图 4-6（c）~（f））。这一发现表明，华蓥山断裂在不同位置的活动性可能存在差异。

4.3.1.2　齐岳山断裂（Ⅰ2）

齐岳山断裂自南西向北东依次穿过 L4 和 L5，并在剖面上留下了鲜明的特征。在 L4 上，齐岳山断裂展现出了高角度切入盖层的逆断层特征。这种切入方式使得断裂上下盘的地层发生了变形，形成了牵引褶皱（见图 4-7（a））。而在

L5，齐岳山断裂同样切入了盖层，但其特征却与 L4 有所不同。在 L5 上，断裂的上盘发育了明显的褶皱，这些褶皱的形态和规模都较为显著，反映了断裂活动对上盘地层的强烈影响。相比之下，下盘地层则显得较为平缓，变形程度较弱。此外，L5 上的齐岳山断裂倾角相较于 L4 较小，这可能是由于此段断裂在较浅的滑脱面上滑脱，从而导致了倾角的减小。这些特征表明，齐岳山断裂在不同的位置具有不同的特征（见图 4-7（b））。

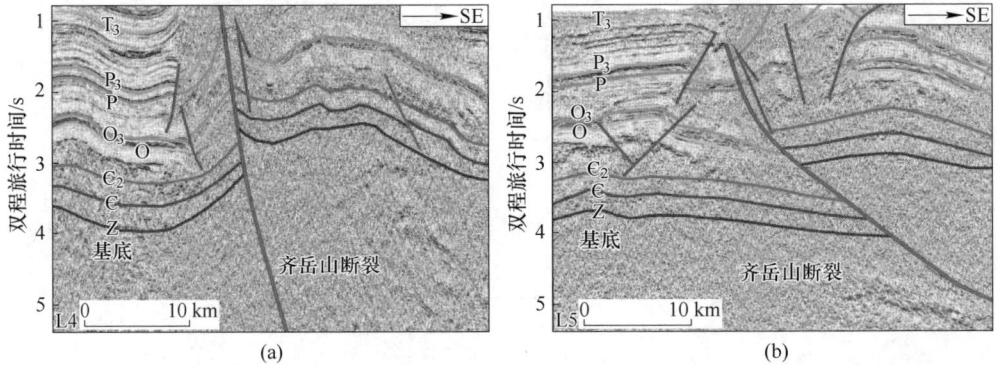

图 4-7　齐岳山断裂的地震反射特征（剖面位置见图 4-5）
（a）L4 剖面齐岳山断裂地震反射特征；（b）L5 剖面齐岳山断裂地震反射特征

图 4-7 彩图

4.3.2　二级基底断裂地震反射响应

4.3.2.1　双庙-罗田断裂（Ⅱ1）

双庙-罗田断裂自北西向南东依次穿过 L6、L7、L8 和 L9 四条剖面。然而，这条断裂的显著特征并非在所有剖面上都有明显显示，仅在 L6 和 L9 上留下了清晰的痕迹。在 L6 上，双庙-罗田断裂表现为一条切入盖层且近垂直的逆断层。盖层标志层发生了微小的错断，这种错断虽然细微，但却足以证明断裂在此处的存在和其对地层的影响（见图 4-8（a））。而在 L9 上，双庙-罗田断裂则展现出了截然不同的特征。该剖面深部发育有多条正断层控制的裂谷，裂谷影响了震旦系和寒武系的沉积过程（见图 4-8（b））。推测裂谷边界断层在深部呈现出"Y"形组合，这种组合形态进一步揭示了此断裂在深部构造上的复杂性。同时，主断层还表现出了正反转特征，即在不同地质时期，断裂的活动性质发生了显著的变化（见图 4-8（c））。

以上特征充分表明，双庙-罗田断裂在不同位置的反射特征差异明显。

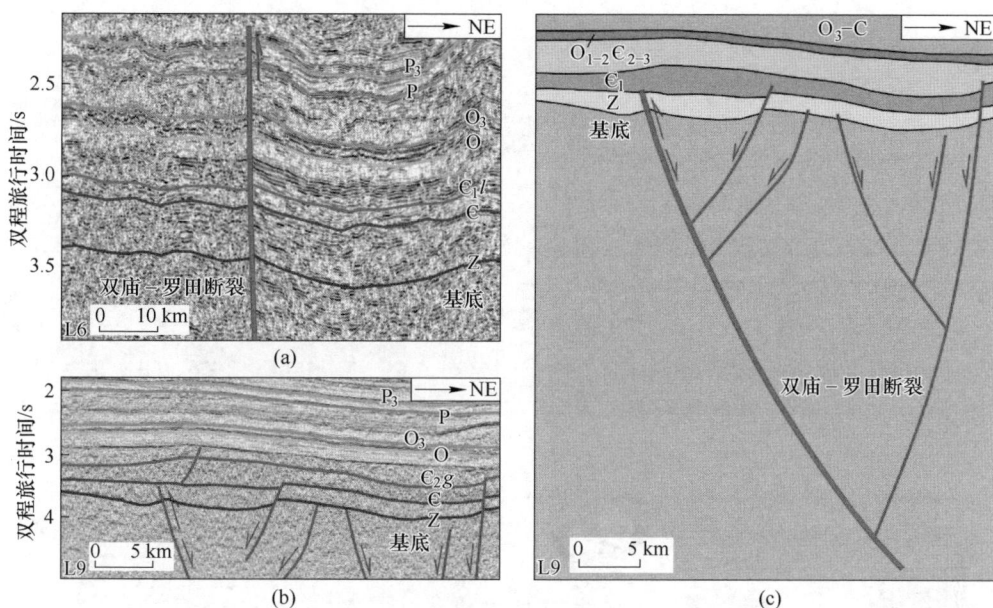

图 4-8 双庙-罗田断裂的地震反射特征（剖面位置见图 4-5）

（a）L6 剖面双庙-罗田断裂地震反射特征；

（b）L9 剖面双庙-罗田断裂地震反射特征；

（c）推测的 L9 剖面双庙-罗田断裂深部延伸特征

（图（b）和（c）据晏山 等，2021 修改）

图 4-8 彩图

4.3.2.2 前锋-石柱断裂（Ⅱ2）

前锋-石柱断裂自北西向南东依次穿过 L7、L8 和 L9，并在 L7 和 L8 上留下了较为明显的构造痕迹。在 L7 上，前锋-石柱断裂展现出正反转特征。震旦系底（Z）、寒武系底（Є）以及下寒武统龙王庙底（$Є_1l$）三个盖层标志层均发生了明显的错断，依据错断形式可知基底断裂在盖层中表现为逆断层。通过基底标志层的错断证明了其同时具有正断层的性质（见图 4-9（a）和（b））。在基底断裂的上部，还发育有一条没有和基底断裂相连的逆断层。这很可能是由于基底断裂活动过程中，上部地层受到了强烈的挤压作用，导致应变积累并最终形成了新的断裂面。此外，中寒武统中存在滑脱层，因此此断层并未与基底断裂相连（见图 4-9（a））。L8 显示前锋-石柱断裂是一条切入盖层且近垂直的逆断层，盖层地层错断明显（见图 4-9（c））。

4.3.2.3 邻水-涪陵断裂（Ⅱ3）

邻水-涪陵断裂自北西向南东依次穿过 L7、L8 和 L9，在 L8 和 L9 上显示出

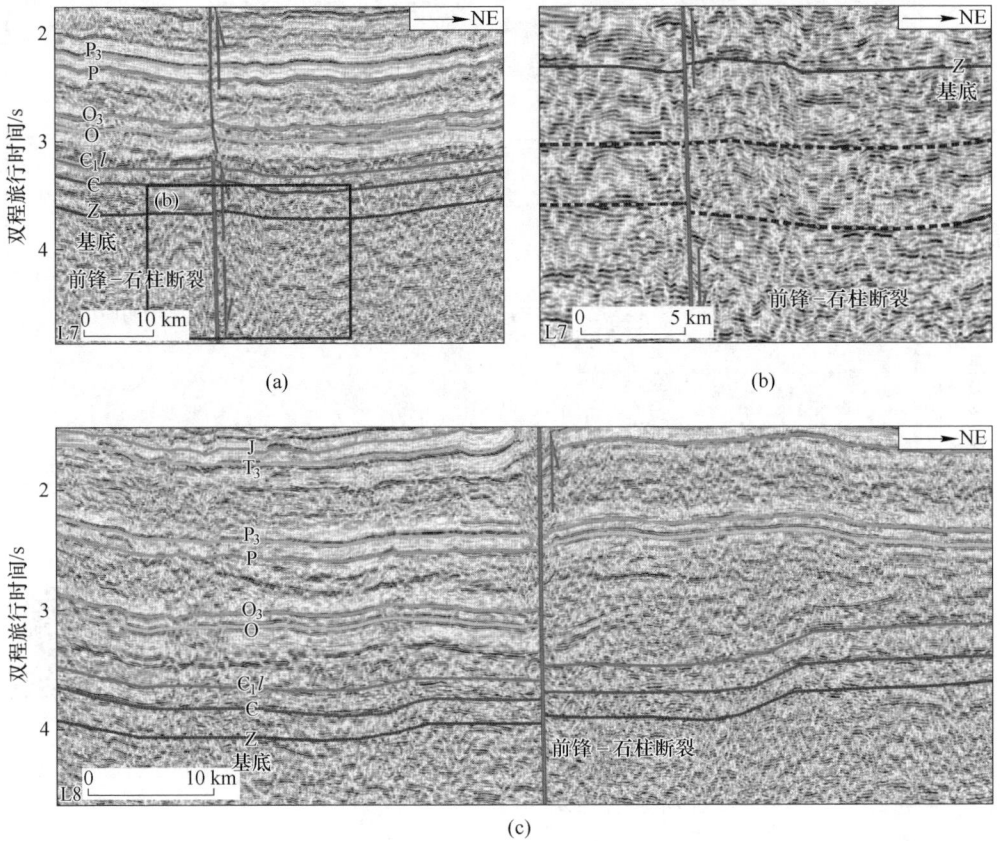

图 4-9　前锋–石柱断裂的地震反射特征（剖面位置见图 4-5）
（a）L7 剖面前锋–石柱断裂地震反射特征；
（b）L7 剖面被前锋–石柱断裂错断的地层；
（c）L8 剖面前锋–石柱断裂地震反射特征

图 4-9 彩图

了较为明显的特征。在 L8 上，邻水–涪陵断裂的特征尤为突出，表现为一条无明显活动的断裂与一条逆断层的"Y"形组合。主断裂近乎垂直，因此在挤压期稳定性较高，不易发生显著的活动。尽管主断裂本身活动不明显，但它仍然是地壳应力集中的区域。为了释放挤压应力，断裂带附近发育了一条分支逆断层，这条断层成为了应力释放的重要途径（见图 4-10（a）和（b））。而在 L9 上，邻水–涪陵断裂的特征则有所不同。该剖面显示，基底断裂并未切入盖层，而是使盖层发育了正断层传播褶皱（见图 4-10（c））。以上表明邻水–涪陵断裂在不同位置的地震反射特征存在显著差异。

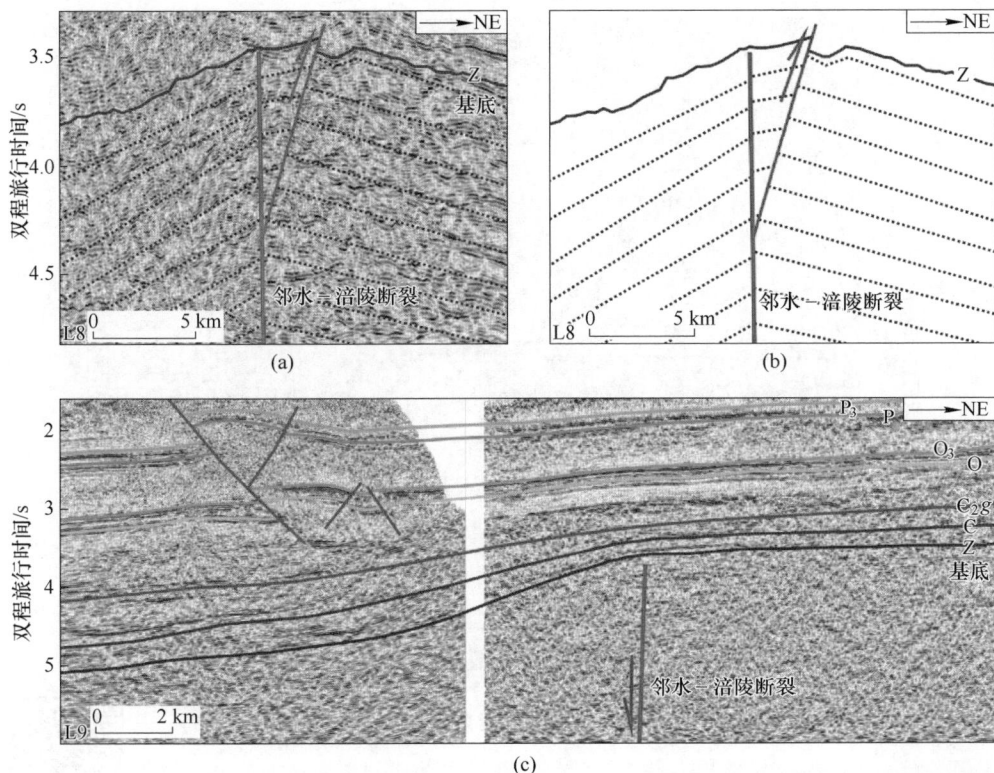

图 4-10 邻水–涪陵断裂的地震反射特征（剖面位置见图 4-5）

（a）L8 剖面邻水–涪陵断裂地震反射特征；

（b）邻水–涪陵断裂上下盘同相轴特征；

（c）L9 剖面邻水–涪陵断裂地震反射特征

（图（c）据晏山 等，2021 修改）

图 4-10 彩图

4.3.2.4 长寿–南川断裂（Ⅱ4）

长寿–南川断裂自北向南依次穿过 L1、L7 和 L10，然而，仅在 L1 上有明显的显示。在 L1 上，长寿–南川断裂表现为一条近垂直的逆断层，其深入基底，切入了盖层。震旦系底（Z）和寒武系底（Є）两个地层界面在此处发生了明显的错断。值得注意的是，长寿–南川断裂在切入盖层后，并未继续向上延伸，而是滑脱于寒武系滑脱层（见图 4-11）。

4.3.3 三级基底断裂地震反射响应

4.3.3.1 宣汉–开江断裂（Ⅲ1）

宣汉–开江断裂自北西向南东穿过 L6 和 L7，在 L6 上的反射特征表现得尤

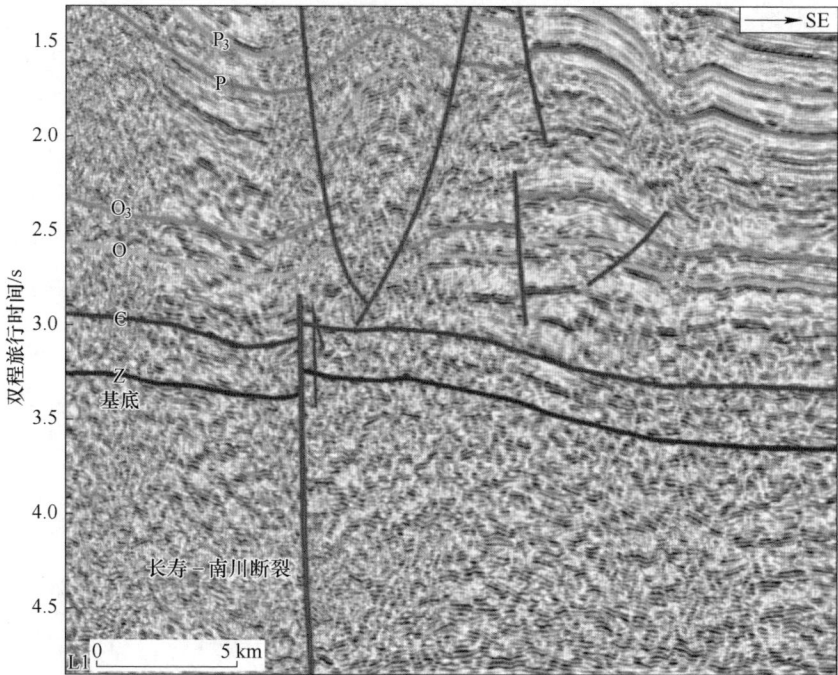

图 4-11   长寿-南川断裂的地震反射特征（剖面位置见图 4-5）

图 4-11 彩图

为明显。基底断裂以高角度切入盖层，使震旦系底（Z）、寒武系底（$\boldsymbol{\in}$）及下寒武统龙王庙组底（$\in_1 l$）三个地层界面均发生了错断。宣汉-开江断裂在切入盖层后，并未继续向上延伸，而是在寒武系滑脱。在滑脱层之上的奥陶系地层中可以观察到明显的褶皱发育。此外，由于断裂是地壳中的应力集中区域，因此，在临近断裂带的区域，地层变形现象较明显。而远离断裂带的区域，则相对较为平缓，地层变形不明显（见图 4-12）。

4.3.3.2   涪陵-云阳断裂（Ⅲ2）

涪陵-云阳断裂仅穿过 L3。在剖面上，前震旦系地层中发育裂谷，裂谷内的地震反射特征表现得相当稳定，且成层性极为明显。涪陵-云阳断裂在这一区域扮演着至关重要的角色，是两条控裂谷断裂之一。其向上切至盖层之中，震旦系底（Z）有微小的错断。寒武系之上的地层褶皱尤为显著。在断裂上盘，裂谷沉积层的地震反射特征稳定，呈现出有序且清晰的反射；而下盘的基底反射则显得杂乱无章，反射强度也相对较弱（见图 4-13（a））。此外，上下盘的同相轴倾角也呈现出明显的差异，这进一步揭示了断裂两侧地质结构的显著差异（见图 4-13（b））。裂谷的北东边界断裂近垂直，同样切至盖层之中，并在志留系滑脱层滑脱。下寒武统龙王庙组底（$\in_1 l$）、奥陶系底（O）和上奥陶统底（O₃）可以观察到明显的错断现象，表明该段为逆断层。而震旦系底（Z）的错断则显示其为正断层，表明此断裂具有正反转特征（见图4-13（a））。

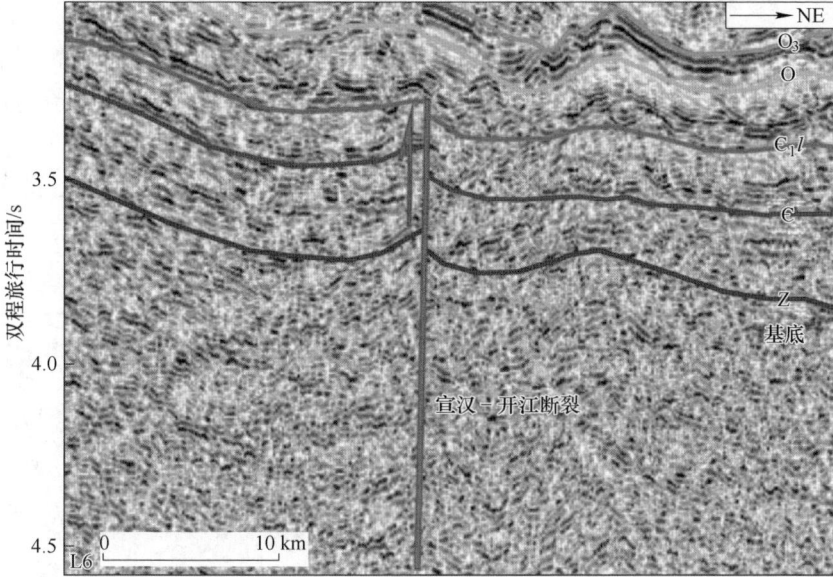

图 4-12　宣汉–开江断裂的地震反射特征（剖面位置见图 4-5）

图 4-12 彩图

(a)

(b)

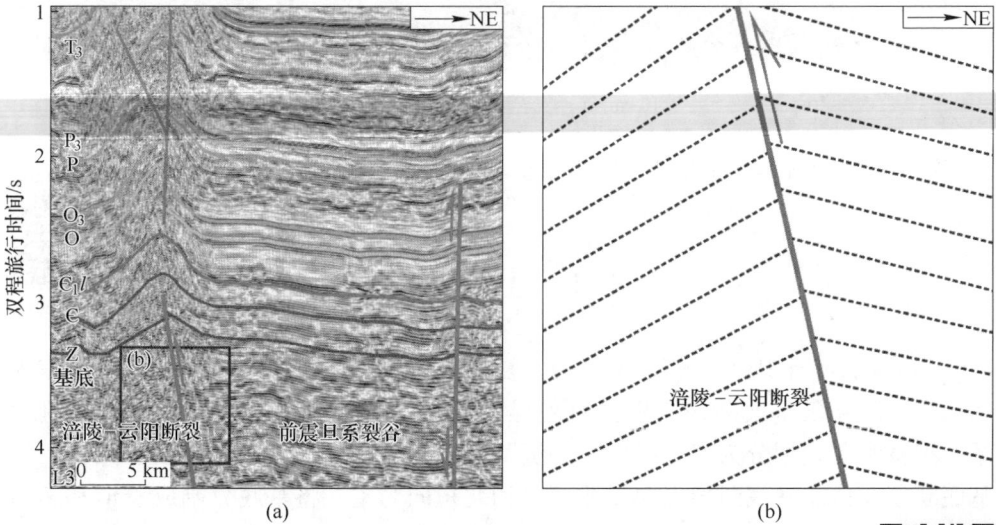

图 4-13　涪陵–云阳断裂的地震反射特征（剖面位置见图 4-5）

（a）L3 剖面涪陵–云阳断裂地震反射特征；

（b）涪陵–云阳断裂上下盘同相轴特征

图 4-13 彩图

4.3.3.3 璧山-綦江断裂 （Ⅲ3）

璧山-綦江断裂自北西向南东依次穿过 L7 和 L10，在 L10 上，该断裂显示得尤为明显，呈现出清晰且易于识别的地震反射特征。该断裂表现为一条高角度的正断层，且向上深切至盖层之中，错断基底标志层以及震旦系底 （Z）、寒武系底 （Є） 和下寒武统龙王庙组底 （$Є_1l$），并滑脱于寒武系的滑脱层。此外，璧山-綦江断裂上下盘的反射特征上也存在显著差异。在上盘区域，基底的反射特征相对稳定，成层性较明显；而下盘区域，基底反射则杂乱无章 （见图 4-14）。

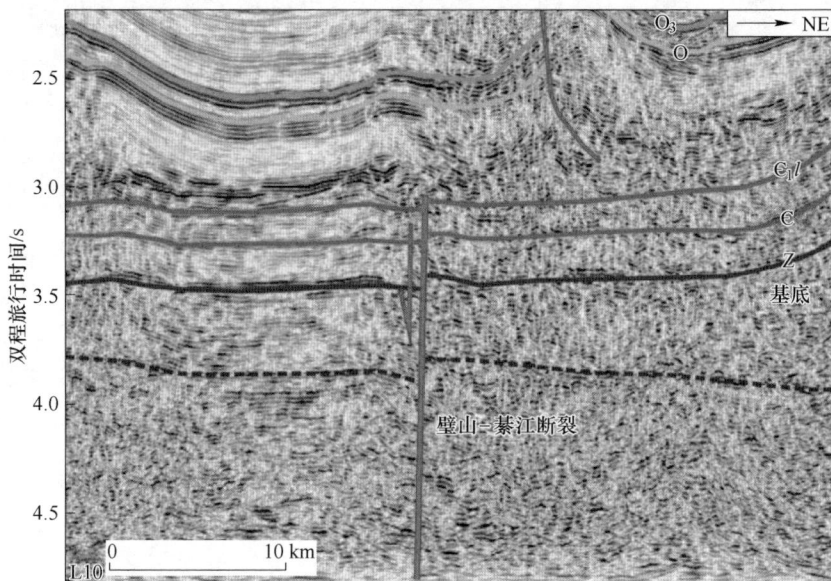

图 4-14 璧山-綦江断裂的地震反射特征 （剖面位置见图 4-5）

图 4-14 彩图

4.4 小 结

（1） 结合航磁异常、重力异常、地表构造和地震反射剖面，本书在川东地区识别出了 9 条基底断裂。根据航磁异常反映的明显程度、延伸长度和切割关系，将基底断裂划分为三个级次：一级基底断裂 2 条，二级基底断裂 4 条，三级基底断裂 3 条。基底断裂走向以北西向和北东向为主，将基底分割成菱形和多边形的断块体。

（2） 在航磁异常图上，基底断裂主要表现为划分不同性质异常场的异常梯度带。重力异常图显示，川东地区基底的三大断块以两条重要的北西—南东向基底断裂为界（北为双庙-罗田断裂，南为邻水-涪陵断裂）。基底断裂与地表构造有明显的对应关系，断裂两侧地层变形强弱、发育地层的年龄、褶皱轴线走向和构造样式差异明显。地震剖面上，大多数基底断裂表现为高角度或近垂直，部分断裂有反转特征，多数盖层断距微小。也有部分断裂没有切入盖层，仅导致盖层发育断层传播褶皱。部分基底断裂在不同位置的地震反射特征不同，表明这些断裂可能具有分段特征。

5 川东基底断裂活动演化

基底断裂在沉积盖层演化过程中的活动，大致可以划分为"显性"活动和"隐性"活动两大类（赵文智 等，2003）。这两种活动方式在地质记录中留下了不同的痕迹，对于理解沉积盖层的构造演化具有重要意义。然而，鉴于川东地区构造演化的高度复杂性和现有地震资料品质的局限性，本书的研究重点将聚焦于川东基底断裂的"显性"活动，而暂不对其"隐性"活动以及走滑活动进行深入探讨。判断基底断裂是否活动以及活动的具体特征，最直接且有效的方法是分析断裂上下盘地层厚度的变化以及断层相关褶皱的发育情况。这些地质现象能够直观地反映出基底断裂在沉积盖层演化过程中的活动状态和影响范围。平衡剖面通过恢复地质时期的剖面形态，能够有效分析沉积厚度的变化和盖层构造的变形过程，进而揭示基底断裂的活动规律（Lin et al.，2015；Vasconcelos et al.，2019；董敏 等，2019）。因此，在本书中，作者选取了 10 条经过精细解释的地震剖面，运用平衡剖面技术进行了恢复，旨在详细分析基底断裂在各地质时期的活动特征。

5.1 平衡剖面原理

平衡剖面是指通过几何准则复原剖面上构造变形和变位的剖面，此方法是由 Dahlstrom 在 1969 年首次系统提出，并成功应用于阿尔伯塔油田（Dahlstrom，1969）。此后，这一方法被广泛应用于盆地构造的形成与演化分析（Tong et al.，2012；Lin et al.，2015；Sun et al.，2018；Wang et al.，2018；Zhao et al.，2018；Misra et al.，2019；Li et al.，2022）。平衡剖面技术是建立在对剖面结构充分了解的基础上，对剖面进行合理性验证的一种技术手段，同时能有效恢复剖面的演化过程。在收缩性盆地的研究中，这种方法展现了良好的实用价值和对勘探工作的指导意义，其中复杂构造的识别、深层滑脱面的计算、断层与褶皱之间的配置等都是在大量基础资料的研究上所得到的。因此，一条合理且符合实际情况的平衡剖面是对研究地区沉积、岩性、变形等多方面研究的综合结果。目前，平衡剖面的制作主要有正演法（梅庆华，2015；Bonanno et al.，2017）和反演法（刘景东 等，2011；Hansman and Ring，2018）两种方法（周竹生 等，2008；方石 等，2012）。正演法是由原始未变形的剖面演化至已变形的剖面，此方法主要用于检验某个地区的多种构造假设。反演法则是通过将已经发生构造变形的剖面复原为未变形的剖面，建立在对剖面正确解释的基础上，选择合适的地质模型进行复原。对盆地构造的研究以反演法为主，采用反演法恢复平衡剖面的过程如下（周建勋 等，2005；李伟 等，2010；方石 等，2012）。

（1）地质剖面构建：在盆地的研究过程中，通常依赖于对地震剖面的精确解释来深入理解盆地的地质结构和演化历史。为了确保合理性和准确性，所选取的地震剖面中的地层变形必须符合平面变形，从而可以根据等面积或等线长的原则对地层进行恢复和重建。因此，在选取地震剖面时，通常会优先选择垂直于构造走向的剖面，因为此类剖面能够最直接地反映出地层的真实变形情况，为后续的地质解释和构造恢复提供可靠的基础。然而，在盆地的演化过程中，各时期的构造线方向可能会发生变化。对于这种情况，应首先确定盆地主要变形期的构造线方向，并选择垂直于该构造线的剖面，这样做可以最大限度地减少由于构造方向变化而产生的误差。

（2）剖面的时深转换：在地震反射剖面的采集过程中，由于物理原理，直接获得的是时间域的剖面数据，而非直接反映实际地质结构的深度域剖面。时深转换的目的是将地震反射剖面上的时间信息转换为对应的深度信息，从而更准确地揭示地下地层、岩体和构造的分布、形态等特征。通常使用如 Landmark 等软件，利用剖面所穿过的钻井和测井数据进行地震剖面的时深转换。

（3）去压实校正：地层在沉积过程中，由于上覆地层逐渐增厚，早期沉积的地层会逐渐被压实。因此为了准确恢复地层刚沉积时剖面的构造形态，必须进行去压实恢复。压实计算是基于典型的砂岩（Sclater and Christie，1980）、泥岩（Dickinson，1953；Sclate and Christie，1980；Baldwin and Butler，1985）和碳酸盐岩（Schmoker and Halley，1982）孔隙度（φ）-深度（h）方程，结合研究区钻井资料获得的各地层岩性的百分比进行（周建勋 等，2005）。对于岩性变化大的剖面，需要分段去压实。

（4）剥蚀量恢复：在实际构造演化过程中，地层抬升和剥蚀后的构造形态与剥蚀前不同，所以需要计算地层剥蚀量以恢复其原始沉积厚度。地层剥蚀量的恢复方法有沉积速率对比法（曾道富，1988）、沉积速率法（谭开俊 等，2004）、古温标反演方法（Dow，1977；Wagner et al.，1989；卢庆治 等，2007；朱传庆 等，2009）、地层厚度对比法（王敏芳 等，2007；梁全胜 等，2009）、泥岩深波时差法（Magara et al.，1976）和构造趋势法（王飞飞 等，2013）等。每种方法都有其优势和局限性（刘池洋 等，2007；刘池洋，2008；袁玉松 等，2008；刘池洋 等，2009；王飞飞 等，2013），因此需要考虑研究区的实际地质和资料情况，选取最合适的方法。

（5）恢复断层和褶皱：在经过去压实校正和剥蚀量恢复后，接下来需对该时期的构造进行恢复。通过分析构造的几何特征和形成机制，结合纵弯褶皱、横弯褶皱和断层相关褶皱模型对断层和褶皱进行恢复（张进铎，2007；张向鹏和杨晓薇，2007）。对于含盐岩层的滑脱构造剖面，可在地质条件约束的情况下，分别对盐上与盐下构造进行恢复，而后将其组合复原（陈书平和汤良杰，2008；胡望水 等，2011）。

（6）检验剖面恢复是否合理：深入剖析剖面构造的演化过程，确保其严格遵循构造地质学的基本理论框架，并与区域地质事实相吻合。这一过程需要对剖面中每一个构造的演化进行细致入微的分析，将其与构造地质学的基本原理进行对照，以检验其是否符合地壳运动、岩层变形、断裂活动等基本规律。同时，还要将剖面的构造演化过程与区域地质背景相结合，分析其在更大地质尺度上的合理性和一致性，确保所恢复的剖面不仅符合理论要求，而且能够真实反映区域地质演化的实际情况。

在进行二维平衡剖面恢复时，主要遵循以下原则：面积守恒、层长守恒、缩短量一致和位移量守恒（Dahlstrom，1969；Ramsay，1981；方石 等，2012；晏山，2022），具体见表 5-1。其中，面积守恒原则是平衡剖面恢复过程中最重要的原则，是保证平衡剖面恢复正确的基础。层长守恒原则适用于变形前后无明显增厚的刚性岩层，对于变形增厚、减薄明显的软弱岩层可以结合无变形或弱变形区的厚度对其原始厚度进行综合分析。位移量守恒原则在实际运用的过程中需要考虑断层传播褶皱的发育。在盆地研究中，缩短量一致原则通常不需要严格遵守。

表 5-1　平衡剖面技术基本原则示意表

原则	定　义	示　意　图
面积守恒	变形前后剖面面积不变。前提条件：变形主要发生在沿构造运动的方向上，且没有剖面外的物质流入； 　h 为剖面厚度，L 为剖面长度，S 为压缩长度，A_1 为压缩减少面积，A_2 为地层重叠增加的面积，L_a 和 L_c 分别为变形后和变形前的地层长度	

原则	定 义	示 意 图
层长守恒	变形过程中各地层的长度不变。前提条件：地层厚度保持不变，且无透入性变形	岩层未变形　　　各层皆有一致变形 底层未受到构造作用，变形不一致　　　沿构造走向变形不一致，但各层长度没变
位移量守恒	沿同一条断层，各层的位移应保持一致。前提条件：断层形成于沉积之后，没有同生变形	$AA'=BB'=CC'$
缩短量一致	沿构造走向各剖面计算的缩短量大致相等，可用于剖面间的相互验证。因边界条件的差异，构造样式会沿走向发生变化，且断层向两侧也不会一直延伸，常会变小或消失。但为了保持造山带缩短量的一致，一个断层的消失往往会伴随另一个断层或褶皱的出现	

5.2　平衡剖面演化

本书采用反演法编制平衡剖面。鉴于川东地区构造演化的高度复杂性，各地质时期的构造线方向并非一成不变，而是呈现出多样化的特征。为了确保研究的准确性和全面性，在选取地震剖面时，特别注重每条基底断裂至少被一条剖面所穿越的原则。因此，在实际操作中，所选择的地震剖面并未完全垂直于川东现今的构造线，而是根据实际需要进行了灵活调整。在进行平衡剖面恢复时，由于构造变形的影响，变形前后局部地层的剖面面积发生显著变化。为了准确恢复剖面的构造演化过程，本书结合钻井资料和地震反射特征，对变形区域进行了细致的分析，并通过对比邻近稳定区域的地层厚度，对变形区域的地层进行了合理的恢复。此外，考虑到川东地区深部地层的埋深较大，且相关资料较为匮乏，本书充分利用了地震剖面在识别构造信息方面的优势。在恢复剥蚀量时，采用了地层厚度对比法结合构造趋势法，以确保恢复的准确性和可靠性。在判断平衡剖面上基底断裂是否活动时，主要依据以下三个方面的证据：（1）基底断裂是否错断了盖层标志层，这是判断基底断裂活动性的直接证据；（2）基底断裂上盘的盖层地层相较下盘是否出现了增厚或减薄的现象，这反映了基底断裂活动对盖层沉积的影响；（3）盖层是否发育基底断裂相关褶皱。通过这些证据的综合判断，能够更准确地揭示基底断裂是否活动。

5.2.1　北西—南东向平衡剖面演化

5.2.1.1　L1 剖面平衡剖面演化

L1 剖面呈北西—南东走向，穿过川东南部，长约 170 km，垂直于现今构造线。其横跨川中平缓构造带和川东高陡构造带，自北西向南东依次穿过华蓥山、中梁山、龙王洞、铜锣峡、明月峡和丰盛场背斜。L1 线与华蓥山断裂（Ⅰ1）近垂直，且斜交长寿-南川断裂（Ⅱ4）的北端（见图 4-5 和图 5-1）。

从沉积建造角度看，地层整体沉积特征为川中薄、川东厚。震旦系—志留系地层自川东向川中逐渐减薄，而二叠系—第四系的沉积较稳定，近等厚分布。从改造角度看，与川中相比，川东地区盖层变形更为复杂，整体为隔挡式褶皱，被称为川东高陡构造带，其内褶皱内部发育了大量小型逆断层，这些逆断层在调节位移量上起到重要作用。大部分断层滑脱于寒武系和志留系的滑脱层（见图 5-1）。

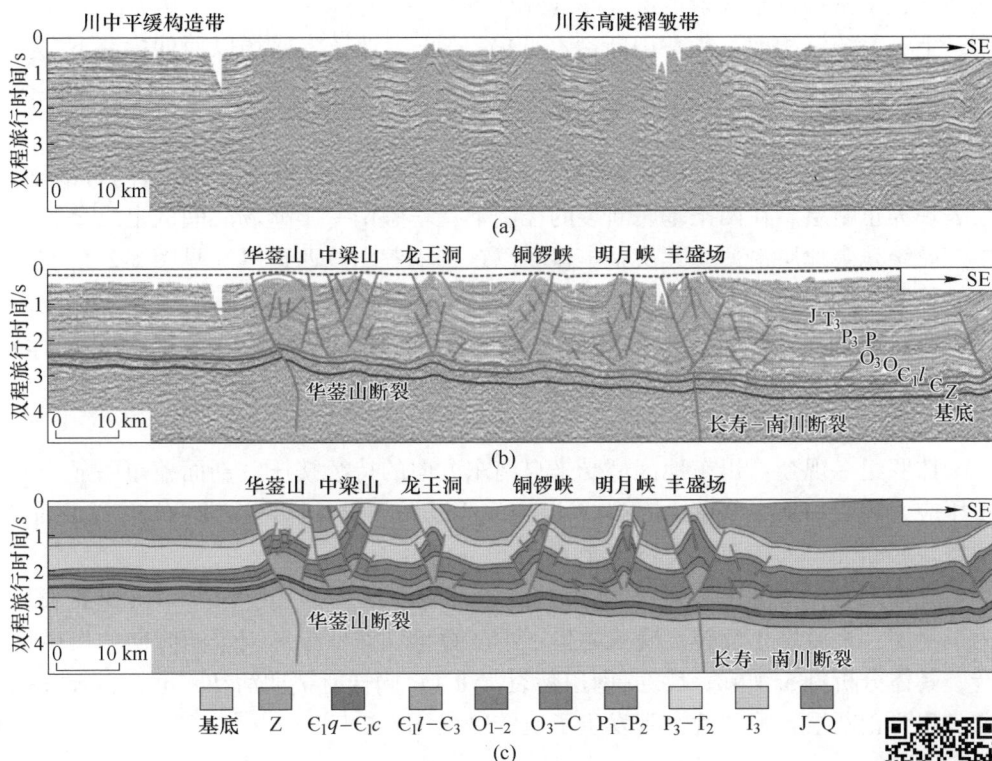

图 5-1 L1 剖面解释（剖面位置见图 4-5）

（a）原始剖面；（b）（c）解释剖面

图 5-1 彩图

寒武系沉积前：华蓥山以西震旦系残余地层最厚，其次是丰盛场以东。从地层厚度变化看，长寿-南川断裂（Ⅱ4）表现为正断层，上盘的残余地层略厚于下盘（见图 5-2（a））。

下寒武统龙王庙组沉积前：筇竹寺组—沧浪铺组的地层自南东向北西逐渐减薄，最薄处位于华蓥山以西。此时华蓥山断裂（Ⅰ1）开始活动，上盘沉积厚度明显大于下盘，而长寿-南川断裂（Ⅱ4）停止了活动（见图 5-2（b））。

奥陶系沉积前：龙王庙组—上寒武统地层仍是自南东向北西减薄，沉积中心位于丰盛场以东，华蓥山以东的沉积最薄。华蓥山断裂（Ⅰ1）和长寿-南川断裂（Ⅱ4）同时活动，均表现为正断层（见图 5-2（c））。

上奥陶统沉积前：华蓥山断裂（Ⅰ1）持续活动，下盘相对上盘继续抬升，中—下奥陶统沉积厚度明显更薄。华蓥山以东沉积厚度稳定，长寿-南川断裂（Ⅱ4）无明显活动（见图 5-2（d））。

二叠系沉积前：上奥陶统—石炭系残余地层自南东向北西逐渐减薄。华蓥山以西持续抬升，华蓥山断裂（Ⅰ1）仍表现为正断层，长寿-南川断裂（Ⅱ4）再次活动，丰盛场以东残余地层最厚（见图 5-2（e））。

　　上二叠统沉积前：华蓥山断裂（Ⅰ1）停止活动，丰盛场以西的中—下二叠统残余地层近等厚分布。长寿–南川断裂（Ⅱ4）持续活动，丰盛场以东的残余地层略厚（见图 5-2（f））。

　　上三叠统沉积前：华蓥山断裂（Ⅰ1）和长寿–南川断裂（Ⅱ4）同时活动，均表现为正断层。在两条基底断裂的控制下，华蓥山—丰盛场之间的上二叠统—中三叠统残余地层最薄，其次是丰盛场以东，华蓥山以西最厚（见图 5-2（g））。

　　侏罗系沉积前：上三叠统地层自北西向南东逐渐减薄，沉积中心位于华蓥山以西。华蓥山断裂（Ⅰ1）持续活动，上盘继续相对沉降。长寿–南川断裂（Ⅱ4）发生反转，上盘的地层厚度略小于下盘（见图 5-2（h）），表明剖面开始受到来自南东方向的挤压，但没有影响到华蓥山地区。

　　侏罗纪—现今：川东地区遭受来自南东方向的持续挤压，剖面缩短明显。在挤压应力的影响下，华蓥山断裂（Ⅰ1）发生反转，且其倾向由北西转变为南东。两条基底断裂切入盖层（见图 5-2（i））。

　　整体来看，华蓥山断裂（Ⅰ1）共经历了 7 期活动，其中侏罗系沉积前表现为正断层，之后发生反转。晚二叠世—中三叠世和侏罗纪—现今的倾向均发生反转，具体分析见 5.4 节。长寿–南川断裂（Ⅱ4）同样有 7 期活动，上三叠统沉积前表现为正断层，晚三叠世则发生了反转（见图 5-2）。

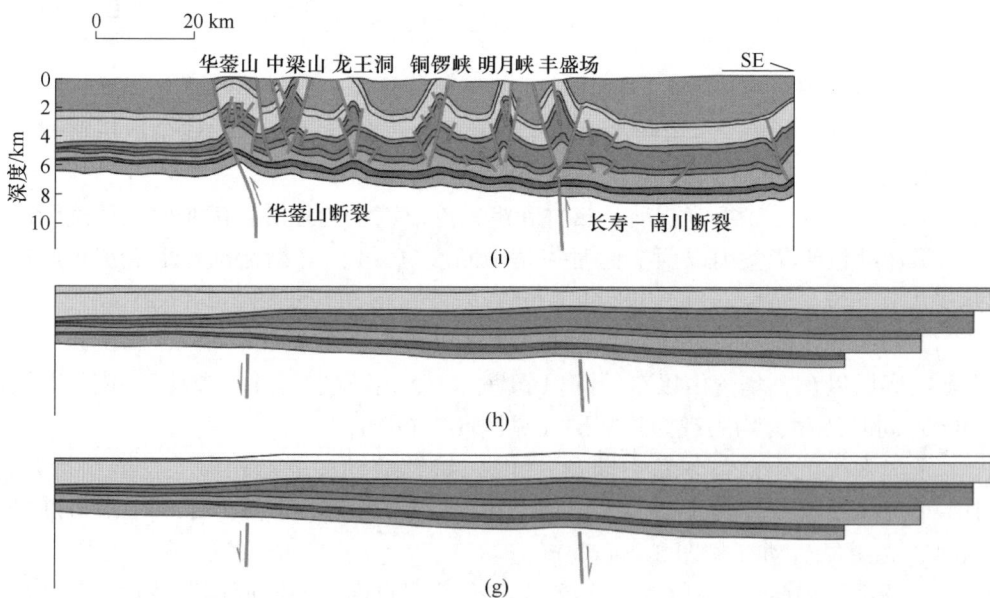

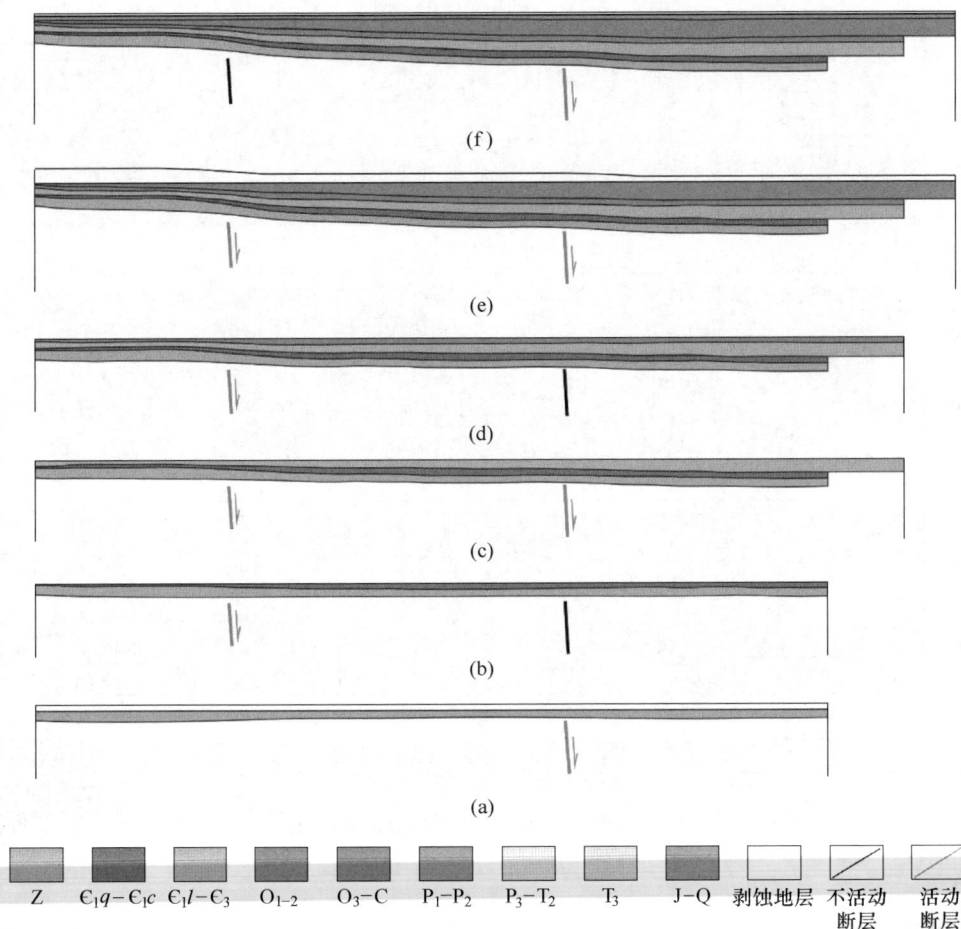

图 5-2 L1 剖面平衡剖面（剖面位置见图 4-5）

（a）寒武系沉积前；（b）下寒武统龙王庙组沉积前；（c）奥陶系沉积前；
（d）上奥陶统沉积前；（e）二叠系沉积前；（f）上二叠统沉积前；
（g）上三叠统沉积前；（h）侏罗系沉积前；（i）侏罗纪—现今

图 5-2 彩图

5.2.1.2 L2 剖面平衡剖面演化

L2 剖面呈北西—南东走向，位于川中地区，南东端穿过华蓥山断裂（I1），长约 65 km（见图 4-5 和图 5-3）。从沉积建造的角度看，地层整体近等厚沉积。下寒武统龙王庙组—上寒武统和上奥陶统—石炭系自南东向北西逐渐减薄。震旦系—下寒武统沧浪铺组和中—下奥陶统沉积稳定，近等厚分布。二叠系—第四系则呈现东薄西厚的特点。从改造角度看，剖面构造简单，整体较平缓，盖层没有明显的断层和褶皱（见图 5-3）。

川中平缓构造带

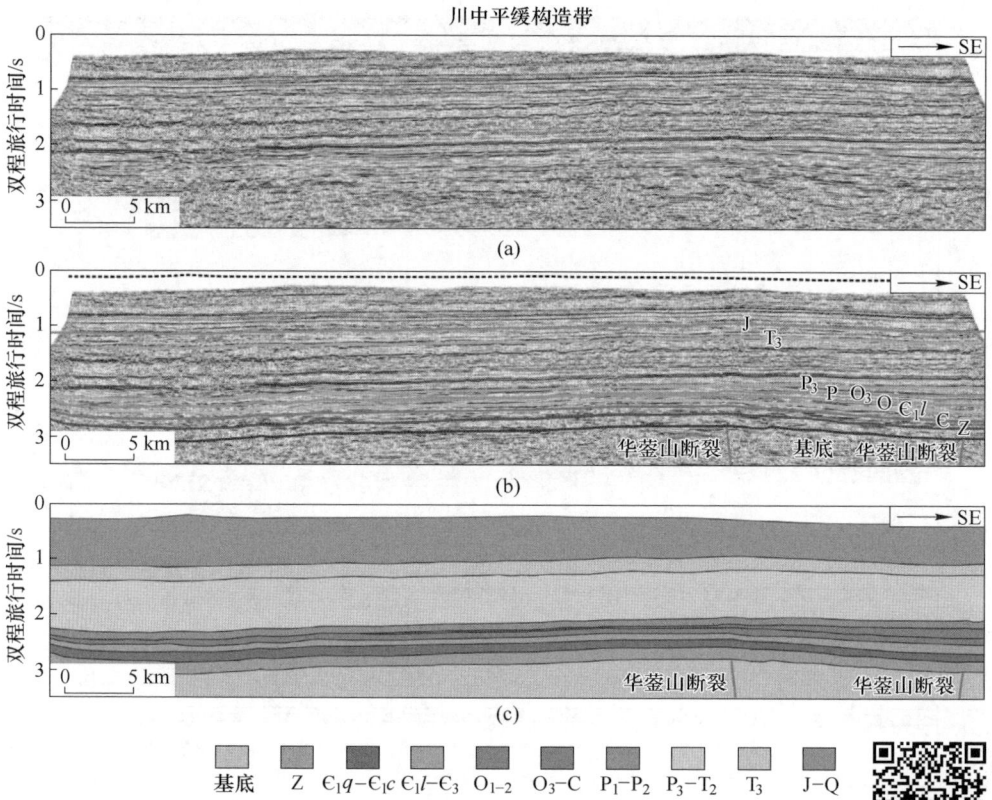

图 5-3　L2 剖面解释（剖面位置见图 4-5）

（a）原始剖面；（b）（c）解释剖面

图 5-3 彩图

寒武系沉积前：震旦系残余地层厚度较稳定，剖面北西端略厚，华蓥山断裂（I1）不活动（见图 5-4（a））。

下寒武统龙王庙组沉积前：沉积中心位于胜观地区，向南东方向减薄，华蓥山断裂（I1）仍不活动（见图 5-4（b））。

奥陶系沉积前：华蓥山断裂（$I1_1$）活动，表现为正断层，其下盘的龙王庙组—上寒武统保持近等厚沉积，上盘地层增厚明显，是明显的沉积中心（见图 5-4（c））。

上奥陶统沉积前：华蓥山断裂（$I1_1$）持续活动，沉积中心位于胜观地区和华蓥山断裂（$I1_1$）以东区域（见图 5-4（d））。

二叠系沉积前：华蓥山断裂（$I1_1$）仍表现为正断层，上奥陶统—石炭系越过东岳地区向北西急剧减薄（见图 5-4（e））。

上二叠统沉积前：中—下二叠统残余地层厚度整体变化较小。华蓥山断裂（$I1_1$）活动微弱，上盘的残余地层厚度略大于下盘（见图 5-4（f））。

　　上三叠统沉积前：上二叠统—中三叠统的残余地层自北西向南东缓慢减薄。华蓥山断裂（$I1_1$）停止活动，而华蓥山断裂（$I1_2$）开始活动，表现为正断层，上盘残余厚度略大于下盘（见图5-4（g））。

　　侏罗系沉积前：东岳以西，上三叠统沉积稳定，从东向南东方向逐渐减薄。华蓥山断裂（$I1_2$）持续活动，上盘沉积厚度略大于下盘（见图5-4（h））。

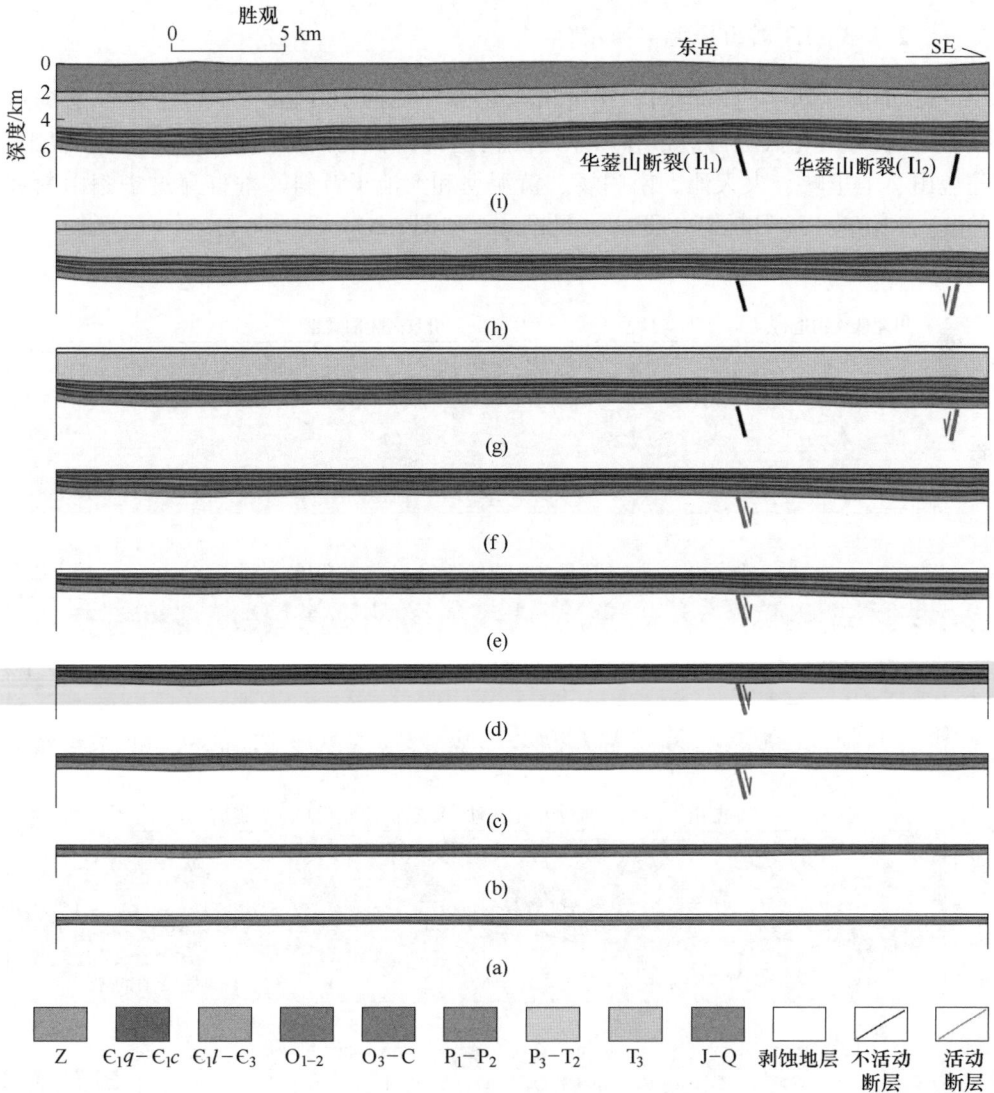

图 5-4　L2 剖面平衡剖面（剖面位置见图 4-5）

（a）寒武系沉积前；（b）下寒武统龙王庙组沉积前；（c）奥陶系沉积前；
（d）上奥陶统沉积前；（e）二叠系沉积前；（f）上二叠统沉积前；
（g）上三叠统沉积前；（h）侏罗系沉积前；（i）侏罗纪—现今

图 5-4 彩图

侏罗纪—现今：华蓥山断裂（$I1_1$）和华蓥山断裂（$I1_2$）均不活动，剖面无明显缩短，表明来自盆地以东的挤压应力对剖面的影响微弱（见图 5-4（i））。

整体来看，华蓥山断裂在下寒武统龙王庙组沉积期—晚三叠世持续活动，且均表现为正断层。下寒武统龙王庙组沉积期—石炭纪，华蓥山断裂（$I1_1$）持续活动，晚二叠世—晚三叠世是华蓥山断裂（$I1_2$）活动（见图 5-4）。

5.2.1.3　L3 剖面平衡剖面演化

L3 剖面北西—南东走向，穿过川东北部，长约 190 km，垂直于现今的构造线。L3 横跨川北低缓构造带和川东高陡构造带，自北西向南东依次穿过华蓥山、蒲包山、七里峡、大天池、南门场、黄泥塘和大池干背斜，垂直穿过华蓥山断裂（$I1$）和涪陵-云阳断裂（$III2$）（见图 4-5 和图 5-5）。

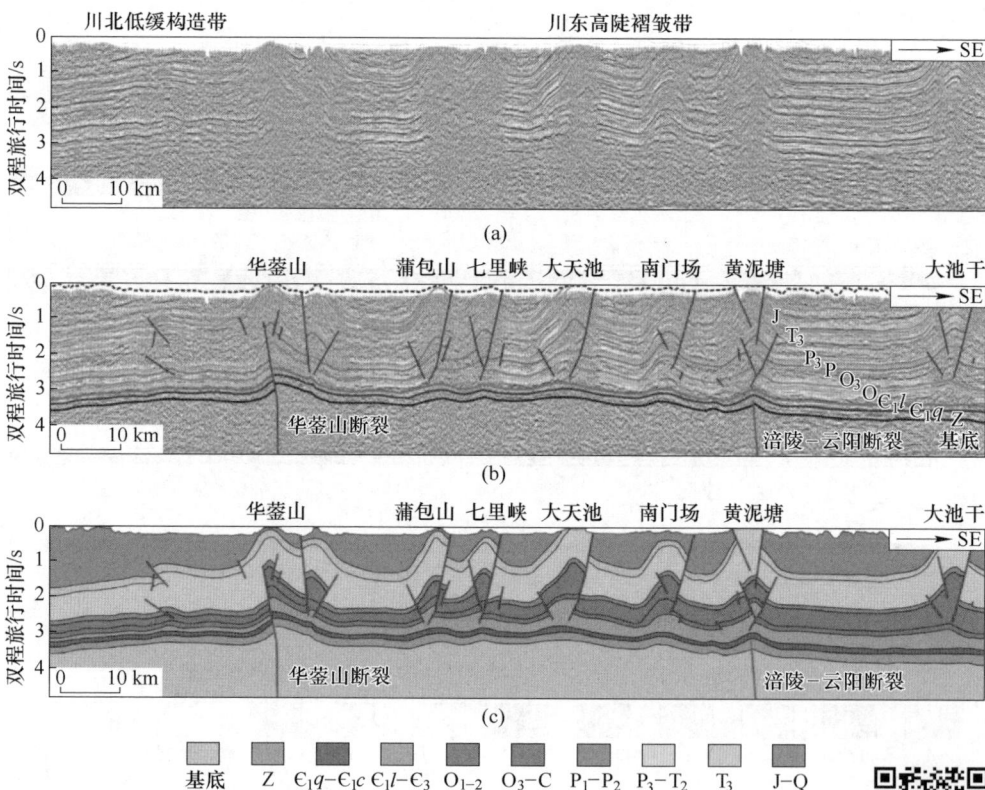

图 5-5　L3 剖面解释（剖面位置见图 4-5）

（a）原始剖面；（b）（c）解释剖面

图 5-5 彩图

从沉积建造角度看，地层整体呈近等厚沉积。下寒武统龙王庙组—上寒武统和上奥陶统—石炭系自南东向北西逐渐减薄，上二叠统—中三叠统在华蓥山-黄泥塘一带向两侧增厚，其余地层近等厚分布。从改造角度看，川北低缓构造带变形明显较弱，川东高陡构造带发育高陡构造，断层多滑脱于寒武系和志留系滑脱层（见图5-5）。

寒武系沉积前：震旦系残余厚度变化不大，华蓥山断裂（Ⅰ1）和涪陵-云阳断裂（Ⅲ2）活动微弱，上盘地层略有增厚（见图5-6（a））。

下寒武统龙王庙组沉积前：继承震旦纪的构造格局，华蓥山断裂（Ⅰ1）和涪陵-云阳断裂（Ⅲ2）持续活动，仍表现为正断层（见图5-6（b））。

奥陶系沉积前：龙王庙组—上寒武统自南东向北西减薄，沉积中心位于黄泥塘-大池干地区。华蓥山断裂（Ⅰ1）和涪陵-云阳断裂（Ⅲ2）持续活动，上盘地层增厚明显。从地层厚度变化看，华蓥山断裂（Ⅰ1）活动强烈（见图5-6（c））。

上奥陶统沉积前：沉积较稳定，中—下奥陶统近等厚分布。此时期，两条基底断裂停止活动（见图5-6（d））。

二叠系沉积前：上奥陶统—石炭系残余地层自南东向北西减薄，华蓥山以西地层最薄，黄泥塘以东地层最厚。华蓥山断裂（Ⅰ1）和涪陵-云阳断裂（Ⅲ2）再次活动，均表现为正断层（见图5-6（e））。

上二叠统沉积前：中—下二叠统残余地层厚度变化较小，华蓥山断裂（Ⅰ1）和涪陵-云阳断裂（Ⅲ2）仍表现为正断层，上盘地层略有增厚（见图5-6（f））。

上三叠统沉积前：华蓥山断裂（Ⅰ1）倾向反向，涪陵-云阳断裂（Ⅲ2）持续活动。在两条基底断裂的控制下，华蓥山-黄泥塘地区相对抬升，残余地层减薄，向两侧增厚（见图5-6（g））。

侏罗系沉积前：上三叠统自北西向南东减薄。华蓥山断裂（Ⅰ1）仍表现为正断层，涪陵-云阳断裂（Ⅲ2）发生反转，表明来自剖面南东侧的挤压应力影响到了黄泥塘地区，而华蓥山地区仍处于拉张环境（见图5-6（h））。

侏罗纪—现今：华蓥山断裂（Ⅰ1）发生反转且倾向反向，切入盖层，导致盖层地层错断明显。涪陵-云阳断裂（Ⅲ2）仍表现为逆断层，向上切入震旦系。从断距大小看，华蓥山断裂（Ⅰ1）活动更强烈（见图5-6（i））。

整体来看，华蓥山断裂（Ⅰ1）经历了8期活动，侏罗纪前表现为正断层，之后发生反转，并在活动期间倾向多次发生变化，具体分析见5.4节。涪陵-云阳断裂（Ⅲ2）同样经历了8期活动，晚二叠世前为正断层，之后发生反转（见图5-6）。

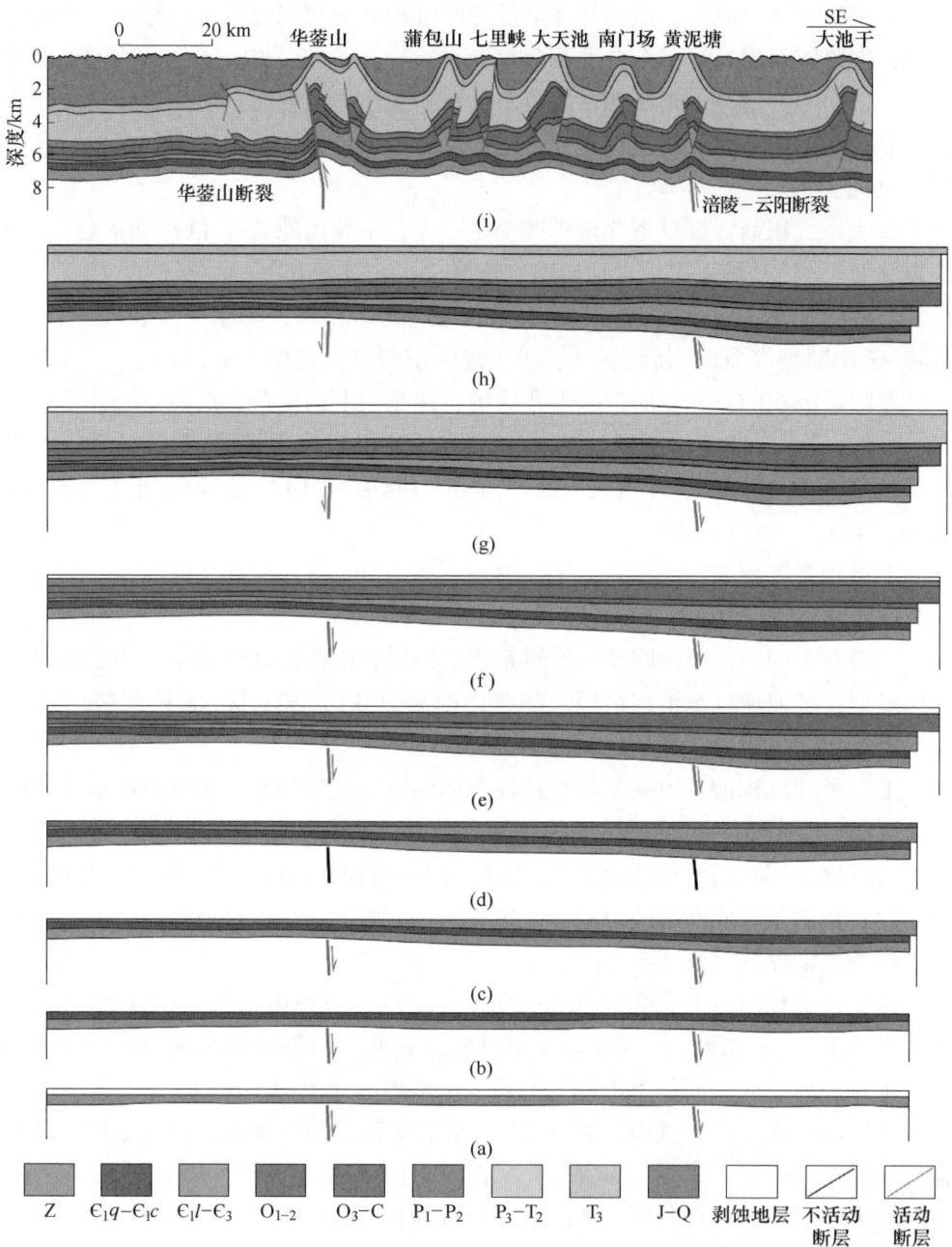

图 5-6　L3 剖面平衡剖面（剖面位置见图 4-5）

（a）寒武系沉积前；（b）下寒武统龙王庙组沉积前；（c）奥陶系沉积前；
（d）上奥陶统沉积前；（e）二叠系沉积前；（f）上二叠统沉积前；
（g）上三叠统沉积前；（h）侏罗系沉积前；（i）侏罗纪—现今

图 5-6 彩图

5.2.1.4 L4剖面平衡剖面演化

L4剖面位于川东东缘，呈北西—南东走向，长约50 km。该剖面横跨川东高陡构造带和鄂西隔槽式构造带，垂直穿过齐岳山背斜和齐岳山断裂（I2）（见图4-5和图5-7）。

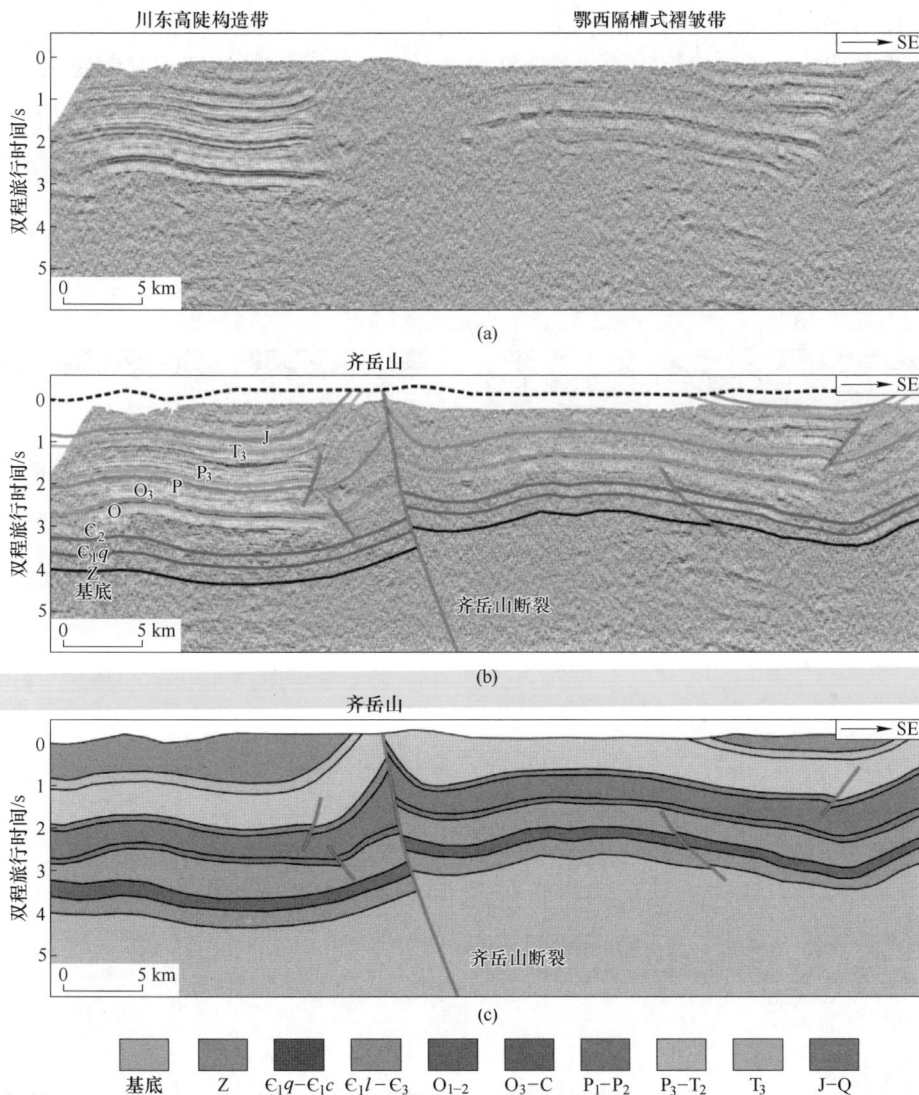

图 5-7　L4剖面解释（剖面位置见图4-5）

（a）原始剖面；（b）（c）解释剖面

从沉积建造角度看，地层整体分布特征为东薄西厚。震旦系—中

图 5-7 彩图

二叠统，局部变形增厚，其余地区近等厚分布。齐岳山断裂上盘出露上二叠统——中三叠统地层。上三叠统除在齐岳山南东侧存在缺失外，厚度变化不大。侏罗系——第四系仅发育于向斜区。从改造角度看，剖面构造变形简单，整体表现为一宽缓的背斜，背斜核部的华蓥山断裂（I2）切入盖层，并出露地表（见图 5-7）。

寒武系沉积前：震旦系残余地层厚度变化不大，齐岳山断裂（I2）活动，上盘略有增厚（见图 5-8（a））。

下寒武统龙王庙组沉积前：下寒武统筇竹寺组——沧浪铺组沉积厚度变化不大，齐岳山断裂（I2）持续活动，表现为正断层，上盘略有增厚（见图 5-8（b））。

奥陶系沉积前：继承了上一期的构造格局，齐岳山断裂（I2）持续活动（见图 5-8（c））。

上奥陶统沉积前：中——下奥陶统自南东向北西逐渐减薄，齐岳山断裂（I2）仍表现为正断层（见图 5-8（d））。

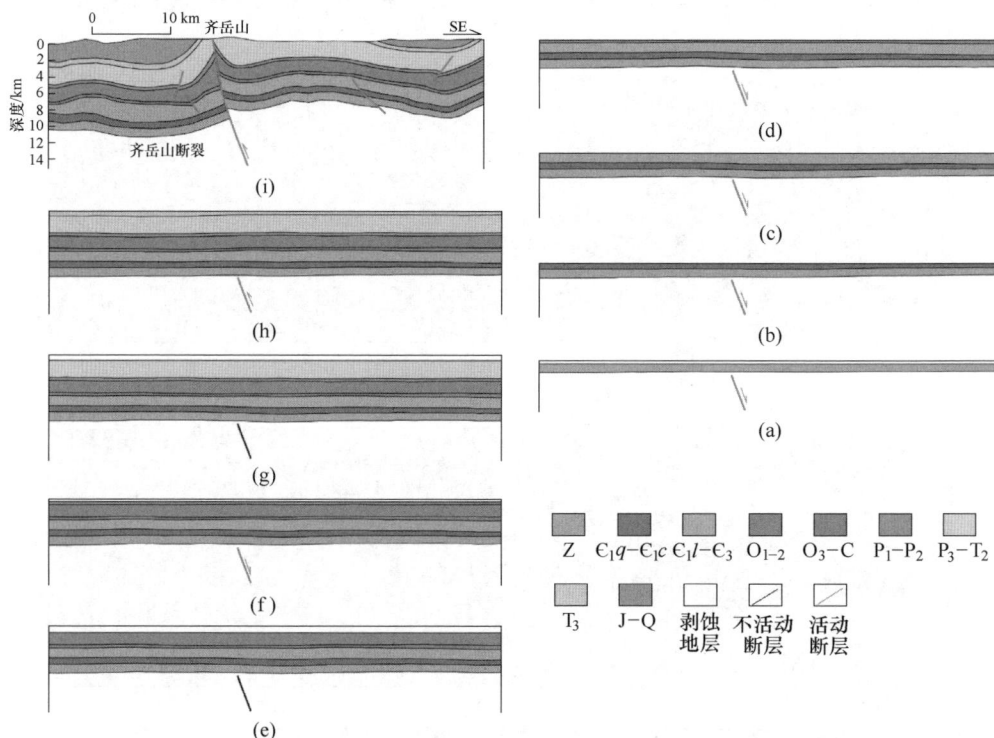

图 5-8　L4 剖面平衡剖面（剖面位置见图 4-5）
（a）寒武系沉积前；（b）下寒武统龙王庙组沉积前；（c）奥陶系沉积前；
（d）上奥陶统沉积前；（e）二叠系沉积前；（f）上二叠统沉积前；
（g）上三叠统沉积前；（h）侏罗系沉积前；（i）侏罗纪——现今

图 5-8 彩图

二叠系沉积前：上奥陶统—石炭系残余地层厚度变化较小，齐岳山地区地层略厚，此时齐岳山断裂（I2）停止活动（见图5-8（e））。

上二叠统沉积前：中—下二叠统沉积较稳定，齐岳山断裂（I2）活动微弱，上盘地层略有增厚（见图5-8（f））。

上三叠统沉积前：上二叠统—中三叠统地层近等厚分布，齐岳山断裂（I2）停止活动（见图5-8（g））。

侏罗系沉积前：上三叠统自北西向南东减薄，齐岳山断裂（I2）发生反转。剖面缩短不明显，表明来自剖面南东侧的挤压作用较弱（见图5-8（h））。

侏罗纪—现今：剖面缩短明显，齐岳山断裂（I2）表现为逆断层，活动更强烈，向上切入盖层，并出露地表（见图5-8（i））。

整体来看，齐岳山断裂（I2）经历了7期活动，晚三叠世前表现为弱活动的正断层，之后发生反转，活动性增强（见图5-8）。

5.2.1.5 L5剖面平衡剖面演化

L5剖面位于川东东缘，呈北西—南东走向，长约50 km。横跨川东高陡构造带和鄂西隔槽式构造带，近垂直穿过金铃坝背斜和齐岳山断裂（I2）（见图4-5和图5-9）。

从沉积建造角度看，地层整体分布特征为自北西向南东减薄，齐岳山断裂（I2）以东剥蚀严重。震旦系—下寒武统沧浪铺组近等厚分布。下寒武统龙王庙组—上寒武统厚度变化较大，金铃坝背斜核部变形增厚明显。上奥陶统—石炭系自北西向南东减薄。中—下二叠统在金铃坝背斜核部缺失，其余区域其厚度无明显变化。上二叠统—中三叠统在金铃坝背斜西北侧近等厚分布，南东侧增厚极为明显。上三叠统—第四系仅发育于齐岳山断裂（I2）以西。从改造角度看，地表构造简单，仅发育金铃坝背斜，无断层出露。地壳内部，齐岳山断裂（I2）切入盖层，向上滑脱于三叠系滑脱层，并发育多条小断层，除个别切入基底，大多数断层滑脱于寒武系和志留系滑脱层（见图5-9）。

寒武系沉积前：震旦系残余地层厚度变化较小，齐岳山断裂（I2）活动微弱，上盘略有增厚（见图5-10（a））。

下寒武统龙王庙组沉积前：继承了震旦纪的构造格局，下寒武统筇竹寺组沧浪铺组沉积厚度变化不大，齐岳山断裂（I2）仍活动微弱，上盘地层略有增厚（见图5-10（b））。

奥陶系沉积前：继承了上一期的构造格局，齐岳山断裂（I2）持续微弱活动（见图5-10（c））。

上奥陶统沉积前：中—下奥陶统沉积厚度无明显变化，齐岳山断裂不活动（见图5-10（d））。

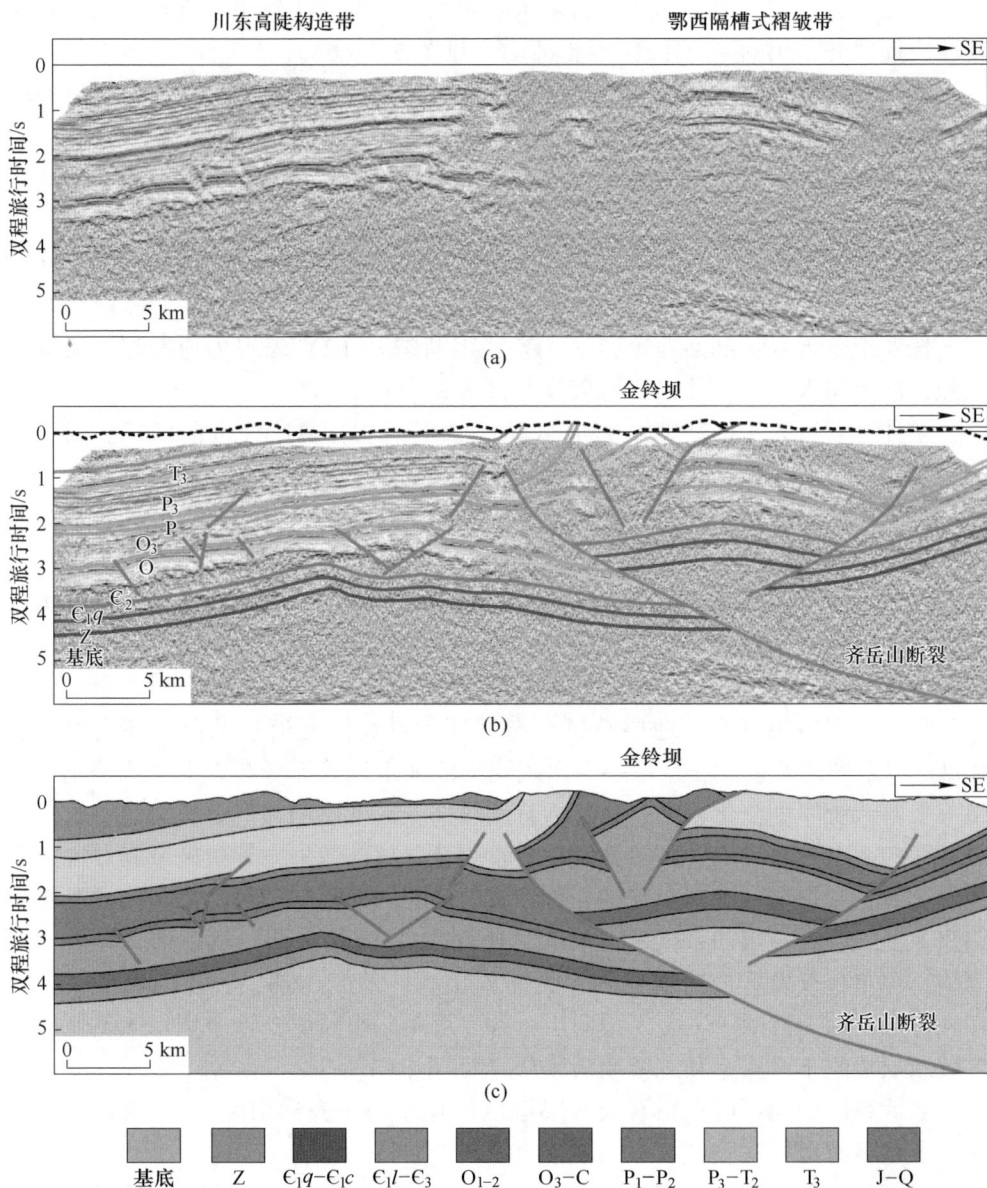

图 5-9　L5 剖面解释（剖面位置见图 4-5）

（a）原始剖面；（b）（c）解释剖面

二叠系沉积前：上奥陶统—石炭系自北西向南东减薄，剥蚀高点位于剖面南东端。齐岳山断裂（I2）发生反转，与早期相比活动更强烈，上盘残余地层明显减薄（见图 5-10（e））。

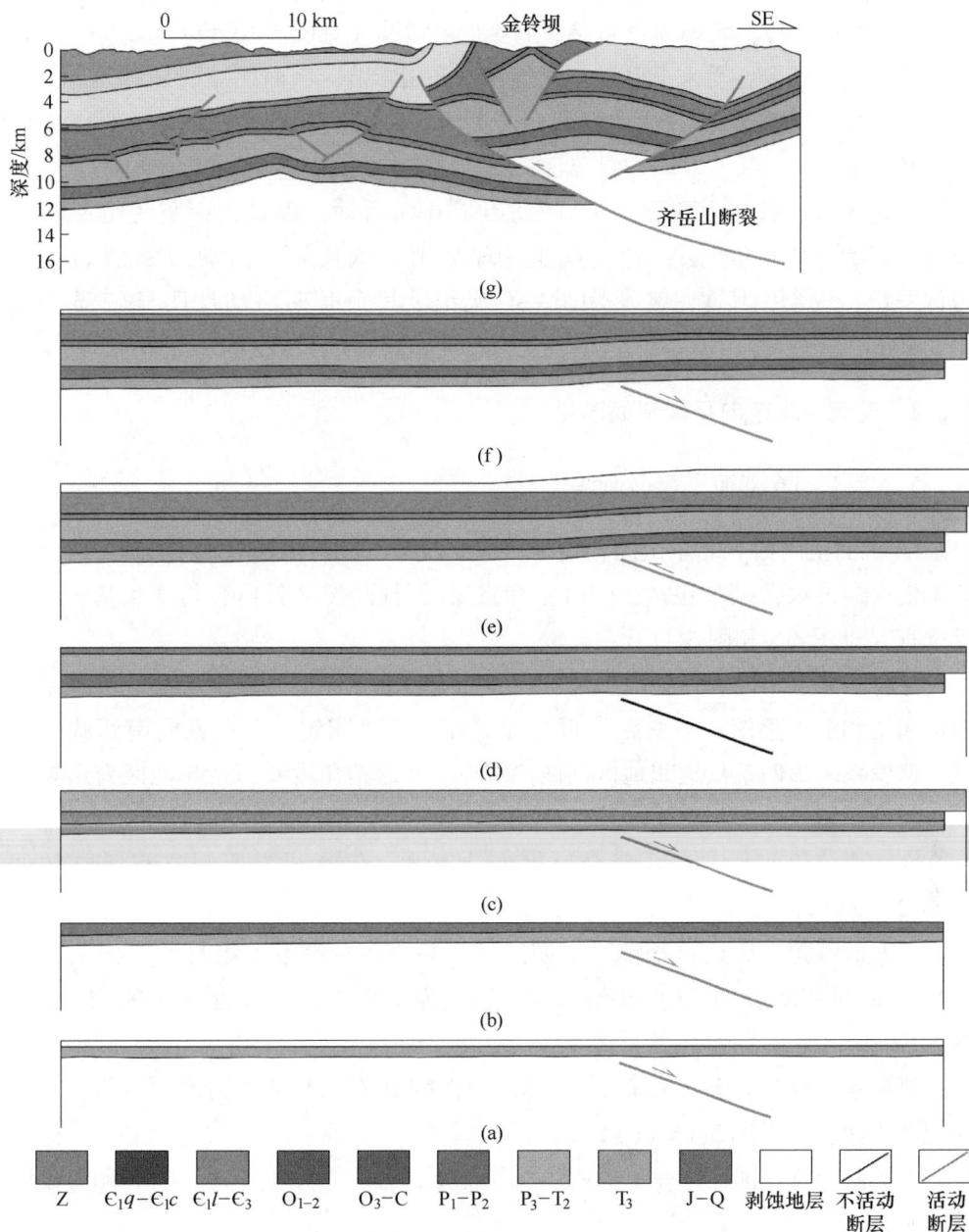

图 5-10 L5 剖面平衡剖面（剖面位置见图 4-5）

（a）寒武系沉积前；（b）下寒武统龙王庙组沉积前；（c）奥陶系沉积前；

（d）上奥陶统沉积前；（e）二叠系沉积前；（f）上二叠统沉积前；

（g）侏罗纪—现今

图 5-10 彩图

上二叠统沉积前：中—下二叠统残余地层自南东向北西减薄，齐岳山断裂（I2）发生逆反转，表现为正断层，上盘地层增厚（见图5-10（f））。

侏罗纪—现今：受来自盆地东侧的挤压作用影响，剖面缩短明显，齐岳山断裂（I2）再次发生反转，活动强烈，向上切入盖层，滑脱于三叠系滑脱层（见图5-10（g））。

整体来看，齐岳山断裂（I2）经历了6期活动，震旦纪—寒武纪期间表现为持续活动的正断层，晚奥陶世—现今则多次反转。活动最强烈的时期为侏罗纪—现今，其次是晚奥陶世—石炭纪，其余时期活动性明显较弱（见图5-10）。

5.2.2　南西—北东向平衡剖面演化

5.2.2.1　L6剖面平衡剖面演化

L6剖面呈南西—北东走向，位于川东北西部，长约90 km。该剖面自南西向北东依次穿过双庙-罗田断裂（II1）和宣汉-开江断裂（III1），与两条基底断裂近垂直（见图4-5和图5-11）。

从沉积建造角度看，地层整体沉积特征为自北东向南西逐渐减薄。震旦系—中奥陶统和上二叠统—上三叠统近等厚分布，上奥陶统—石炭系向南西减薄明显，侏罗系—第四系从达州地区向两侧增厚。从改造角度看，达州地区变形较明显，其余区域仅发育小型逆断层（见图5-11）。

寒武系沉积前：震旦系残余厚度变化不大，仅达州南西侧略有增厚（见图5-12（a））。

下寒武统龙王庙组沉积前：下寒武统筇竹寺组—沧浪铺组自北东向南西减薄，双庙-罗田断裂（II1）开始活动，表现为正断层，上盘地层略有增厚（见图5-12（b））。

奥陶系沉积前：下寒武统龙王庙组—上寒武统在达州地区向两侧减薄，基底断裂停止活动（见图5-12（c））。

上奥陶统沉积前：中—下奥陶统沉积稳定，近等厚分布，基底断裂无明显活动（见图5-12（d））。

二叠系沉积前：上奥陶统—石炭系残余地层由两侧向达州地区增厚，双庙-罗田断裂（II1）和宣汉-开江断裂（III1）同时活动，下盘残余地层略有减薄（见图5-12（e））。

上二叠统沉积前：中—下二叠统残余地层厚度变化较小，宣汉-开江断裂

（Ⅲ1）活动微弱（见图 5-12（f））。

上三叠统沉积前：宣汉-开江断裂（Ⅲ1）持续活动，仍为正断层，基底断裂控制下，达州地区残余地层最厚，向两侧减薄（见图 5-12（g））。

侏罗系沉积前：上三叠统沉积厚度变化不大，双庙-罗田断裂（Ⅱ1）和宣汉-开江断裂（Ⅲ1）同时活动，均为正断层，但活动微弱（见图 5-12（h））。

侏罗纪—现今：两条基底断裂均发生反转。双庙-罗田断裂（Ⅱ1）切入盖层，向上滑脱于志留系滑脱层。宣汉-开江断裂（Ⅲ1）仅错断震旦系和下寒武统筇竹寺组—沧浪铺组，滑脱于寒武系滑脱层（见图 5-12（i））。

整体来看，双庙-罗田断裂（Ⅱ1）经历了 4 期活动，宣汉-开江断裂（Ⅲ1）经历了 5 期活动，侏罗纪前都表现为正断层，之后反转（见图 5-12）。

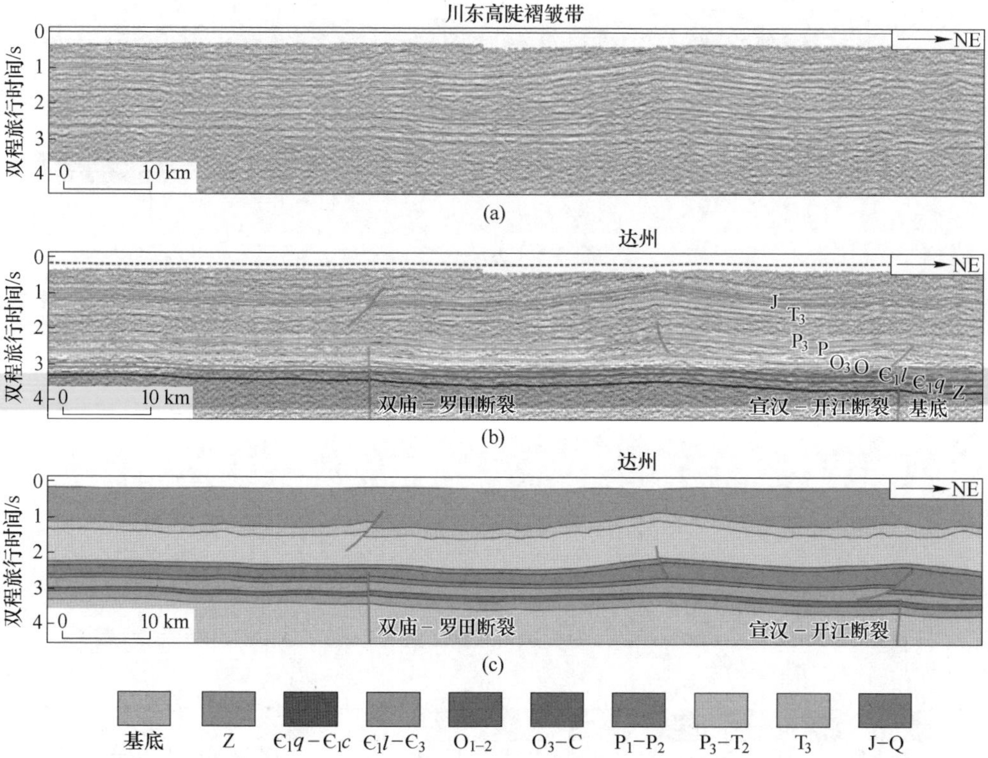

图 5-11 L6 剖面解释（剖面位置见图 4-5）

（a）原始剖面；（b）（c）解释剖面

图 5-11 彩图

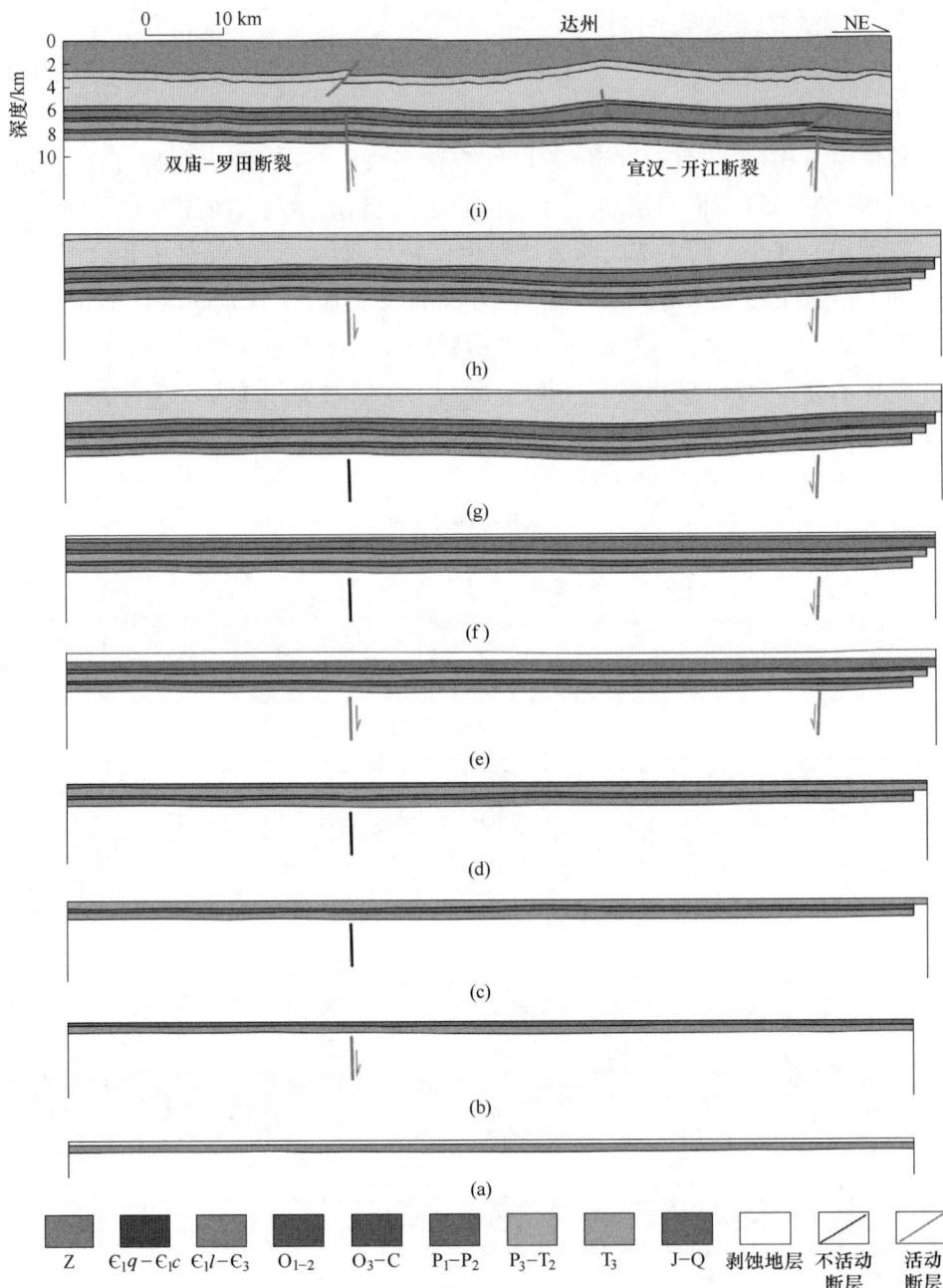

图 5-12　L6 剖面平衡剖面（剖面位置见图 4-5）

（a）寒武系沉积前；（b）下寒武统龙王庙组沉积前；（c）奥陶系沉积前；

（d）上奥陶统沉积前；（e）二叠系沉积前；（f）上二叠统沉积前；

（g）上三叠统沉积前；（h）侏罗系沉积前；（i）侏罗纪—现今

图 5-12 彩图

5.2.2.2 L7 剖面平衡剖面演化

L7 剖面呈南西—北东走向，长约 380 km，局部垂直今构造线，其穿过华蓥山、龙王洞、铜锣峡、明月峡和温泉井背斜。该剖线自南西向北东近垂直穿过璧山-綦江断裂（Ⅲ3）、邻水-涪陵断裂（Ⅱ3）、前锋-石柱断裂（Ⅱ2）、双庙-罗田断裂（Ⅱ1）和宣汉-开江断裂（Ⅲ1）（见图4-5和图5-13）。

从沉积建造角度看，地层整体沉积特征为自北东向南西减薄，华蓥山地区最薄。震旦系-中奥陶统、中—下二叠统和上三叠统近等厚分布，上奥陶统—石炭系、上二叠统—中三叠统和侏罗系—第四系北厚南薄，华蓥山地区最薄。从改造角度看，变形集中于华蓥山-明月峡地区，发育高陡构造。垫江地区变形最弱，地层较平缓。断层多滑脱于志留系和寒武系滑脱层（见图5-13）。

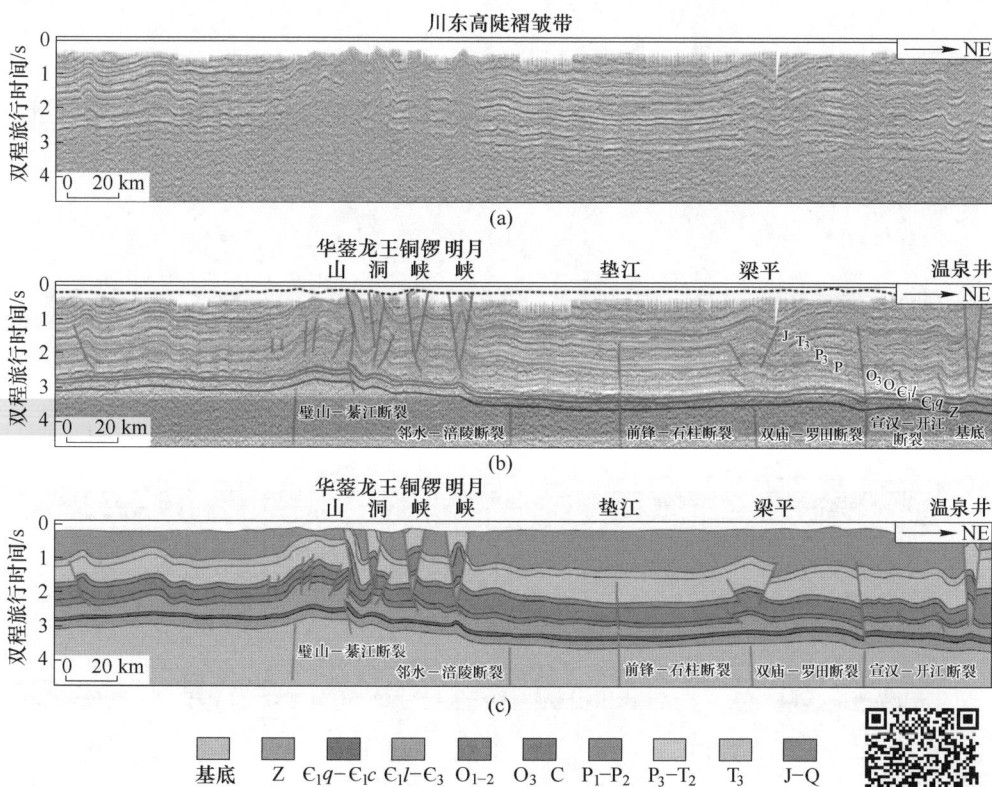

图 5-13 L7 剖面解释（剖面位置见图4-5）
(a) 原始剖面；(b)(c) 解释剖面

图 5-13 彩图

寒武系沉积前：震旦系残余厚度变化不大，璧山-綦江断裂（Ⅲ3）和双庙-罗田断裂（Ⅱ1）活动，表现为正断层，上盘地层略有增厚（见图5-14(a)）。

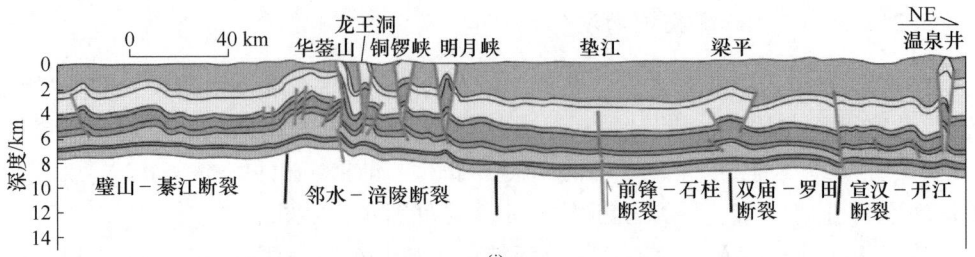

(i)

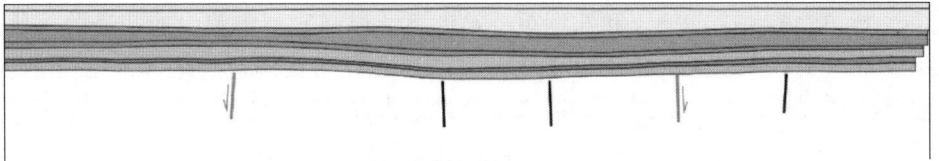

(h)

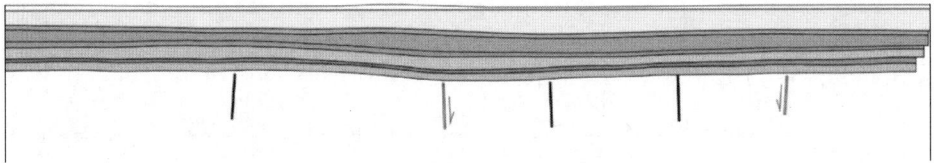

(g)

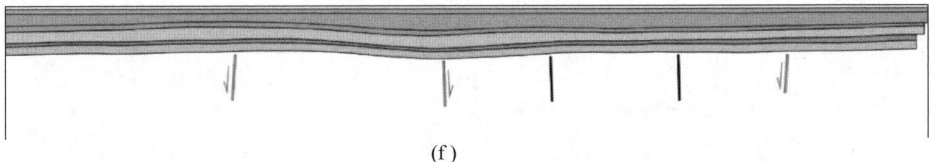

(f)

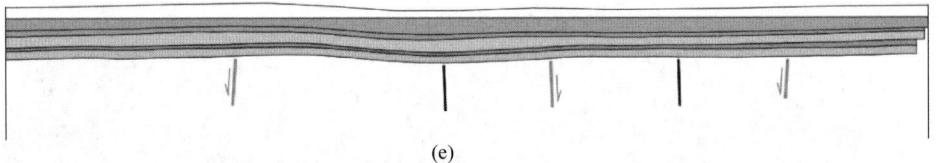

(e)

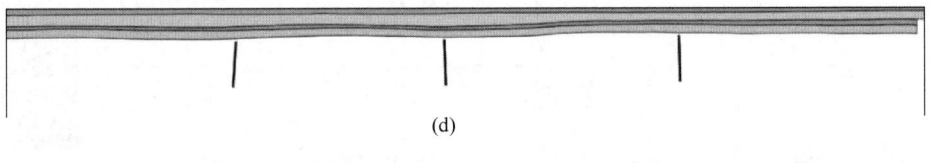

(d)

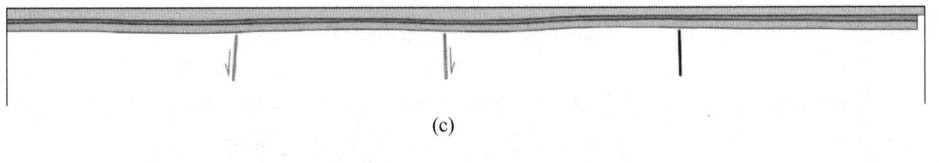

(c)

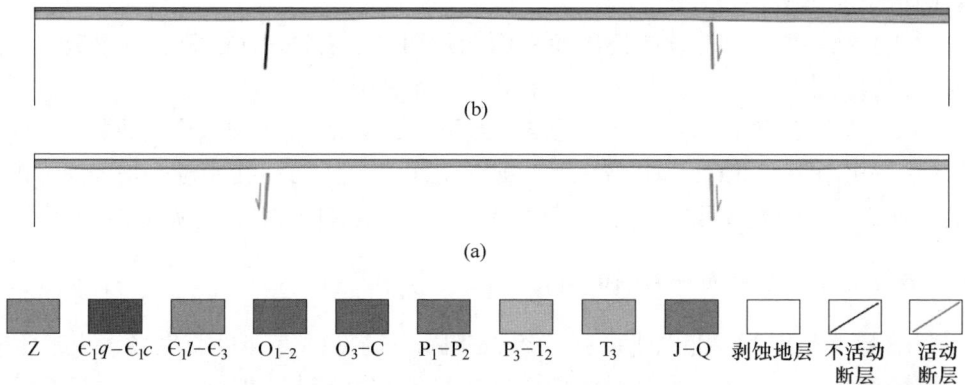

图 5-14 L7 剖面平衡剖面（剖面位置见图 4-5）

(a) 寒武系沉积前；(b) 下寒武统龙王庙组沉积前；(c) 奥陶系沉积前；
(d) 上奥陶统沉积前；(e) 二叠系沉积前；(f) 上二叠统沉积前；
(g) 上三叠统沉积前；(h) 侏罗系沉积前；(i) 侏罗纪—现今

图 5-14 彩图

下寒武统龙王庙组沉积前：梁平以南，下寒武统筇竹寺组—沧浪铺组沉积较稳定，以北增厚明显。双庙-罗田断裂（Ⅱ1）持续活动，仍为正断层（见图 5-14（b））。

奥陶系沉积前：下寒武统龙王庙组-上寒武统厚度变化明显。在璧山-綦江断裂（Ⅲ3）和邻水-涪陵断裂（Ⅱ3）的控制下，华蓥山以南和明月峡-垫江两个地区成为沉积中心（见图 5-14（c））。

上奥陶统沉积前：中—下奥陶统地层沉积较稳定，仅明月峡以西略有增厚，无基底断裂活动（见图 5-14（d））。

二叠系沉积前：上奥陶统-石炭系残余地层厚度变化明显，在前锋-石柱断裂（Ⅱ2）和宣汉-开江断裂（Ⅲ1）的控制下，梁平地区呈地堑式沉降，残余地层略有增厚。璧山-綦江断裂（Ⅲ3）的活动使其南侧残余地层增厚。华蓥山-明月峡地区虽然地层厚度变化明显，但此段为北西—南东向，与基底断裂平行，地层厚度的变化是由于华蓥山断裂（Ⅰ1）活动引起（图 5-14（e））。

上二叠统沉积前：中—下二叠统地层厚度变化较小，璧山-綦江断裂（Ⅲ3）、邻水-涪陵断裂（Ⅱ3）和宣汉-开江断裂（Ⅲ1）活动较弱，均表现为正断层，上盘地层略有增厚（见图 5-14（f））。

上三叠统沉积前：上二叠统—中三叠统残余地层自北东向南西逐渐减薄，明月峡地区最薄，垫江地区的地层在邻水-涪陵断裂（Ⅱ3）和宣汉-开江断裂（Ⅲ1）的控制下最厚（见图 5-14（g））。

侏罗系沉积前：上三叠统沉积厚度略有变化。由于璧山-綦江断裂（Ⅲ3）和双庙-罗田断裂（Ⅱ1）的控制，明月峡-垫江地区呈地垒式抬升，沉积地层向两侧增厚（见图 5-14（h））。

侏罗纪—现今：持续的挤压使剖面变形明显，前锋-石柱断裂（Ⅱ2）发生反转，切入盖层，向上滑脱于寒武系滑脱层（见图 5-14（i））。

整体来看，璧山-綦江断裂（Ⅲ3）经历了 5 期活动，邻水-涪陵断裂（Ⅱ3）、双庙-罗田断裂（Ⅱ1）和宣汉-开江断裂（Ⅲ1）经历了 3 期活动，均表现为正断层。前锋-石柱断裂（Ⅱ2）仅经历了两期活动，且具有反转特征（见图 5-14）。

5.2.2.3　L8 剖面平衡剖面演化

L8 剖面呈南西—北东走向，长约 360 km，局部垂直穿过苟家场、大池干和云安场背斜。自南西向北东近垂直穿过邻水-涪陵断裂（Ⅱ3）、前锋-石柱断裂（Ⅱ2）和双庙-罗田断裂（Ⅱ1）（见图 4-5 和图 5-15）。

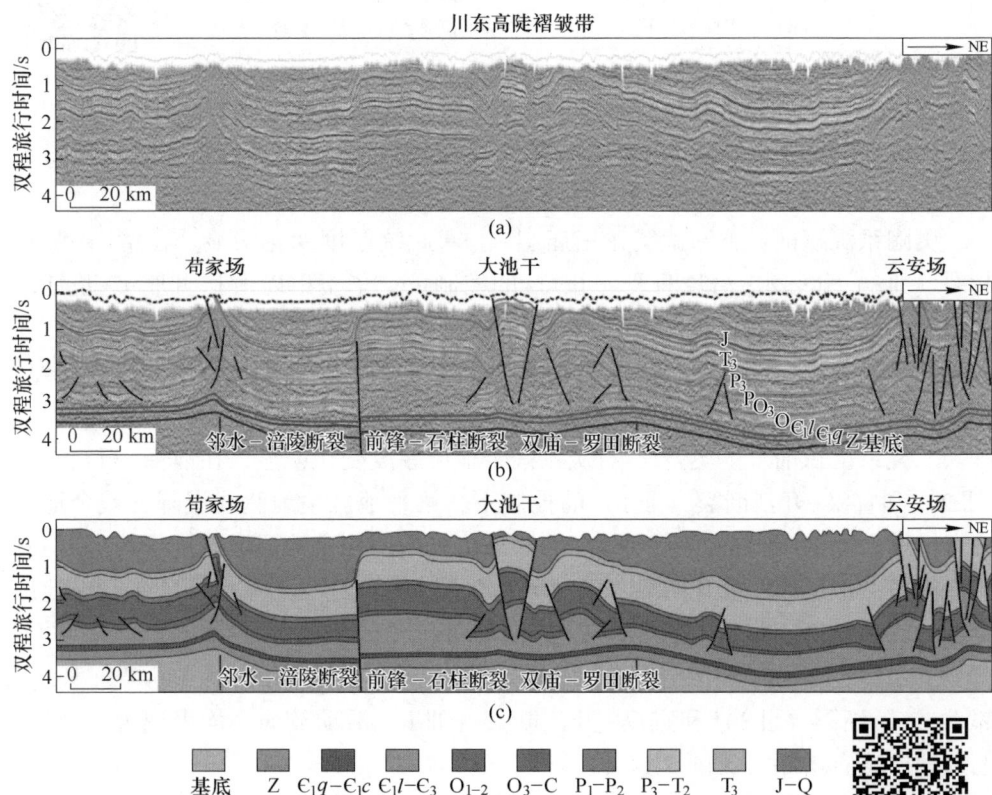

图 5-15　L8 剖面解释（剖面位置见图 4-5）

（a）原始剖面；（b）（c）解释剖面

图 5-15 彩图

从沉积建造角度看，地层整体近等厚分布。下寒武统龙王庙组—上寒武统在局部地区变形增厚明显。上二叠统—中三叠统地层自北东向南西逐渐减薄。侏罗系—第四系在向斜内沉积极厚，向背斜核部逐渐减薄。其余地层厚度无明显变化。从改造角度看，苟家场、大池干和云安场地区变形明显，断层多滑脱于志留系和寒武系滑脱层（见图5-15）。

寒武系沉积前：震旦系残余厚度变化不大，仅双庙-罗田断裂（Ⅱ1）活动，上盘地层略有增厚（见图5-16（a））。

下寒武统龙王庙组沉积前：下寒武统筇竹寺组—沧浪铺组自北东向南西减薄，沉积中心位于云安场地区。邻水-涪陵断裂（Ⅱ3）和前锋-石柱断裂（Ⅱ2）活动，表现为正断层。在基底断裂控制下，苟家场北侧沉积地层最薄（见图5-16（b））。

奥陶系沉积前：基本继承了上一期的构造格局，与之不同的是，双庙-罗田断裂（Ⅱ1）再次活动，上盘地层略有增厚（见图5-16（c））。

上奥陶统沉积前：中—下奥陶统地层自南西向北东减薄，受前锋-石柱断裂（Ⅱ2）和双庙-罗田断裂（Ⅱ1）活动的影响，沉积中心位于大池干地区（见图5-16（d））。

二叠系沉积前：受控于邻水-涪陵断裂（Ⅱ3）和前锋-石柱断裂（Ⅱ2），苟家场北侧呈地垒式抬升，残余地层厚度最薄（见图5-16（e））。

上二叠统沉积前：中—下二叠统残余地层厚度变化较小。邻水-涪陵断裂（Ⅱ3）和前锋-石柱断裂（Ⅱ2）持续活动，倾向呈反向，双庙-罗田断裂（Ⅱ1）再次活动。活动基底断裂均表现为正断层，活动微弱，上盘地层略有增厚（见图5-16（f））。

上三叠统沉积前：上二叠统—中三叠统残余地层自北东向南西减薄明显。受双庙-罗田断裂（Ⅱ1）活动的影响，云安场地区地层最厚。苟家场西侧的鞍部受控于邻水-涪陵断裂（Ⅱ3）和前锋-石柱断裂（Ⅱ2）（见图5-16（g））。

侏罗系沉积前：上三叠统地层自北东向南西缓慢减薄，双庙-罗田断裂（Ⅱ1）持续活动，上盘地层略有增厚（见图5-16（h））。

侏罗纪—现今：受挤压应力的影响，前锋-石柱断裂（Ⅱ2）反转，切入盖层，向上滑脱于三叠系滑脱层（见图5-16（i））。

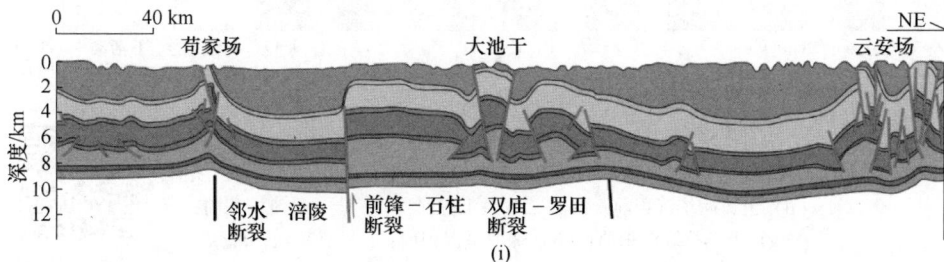

(i)

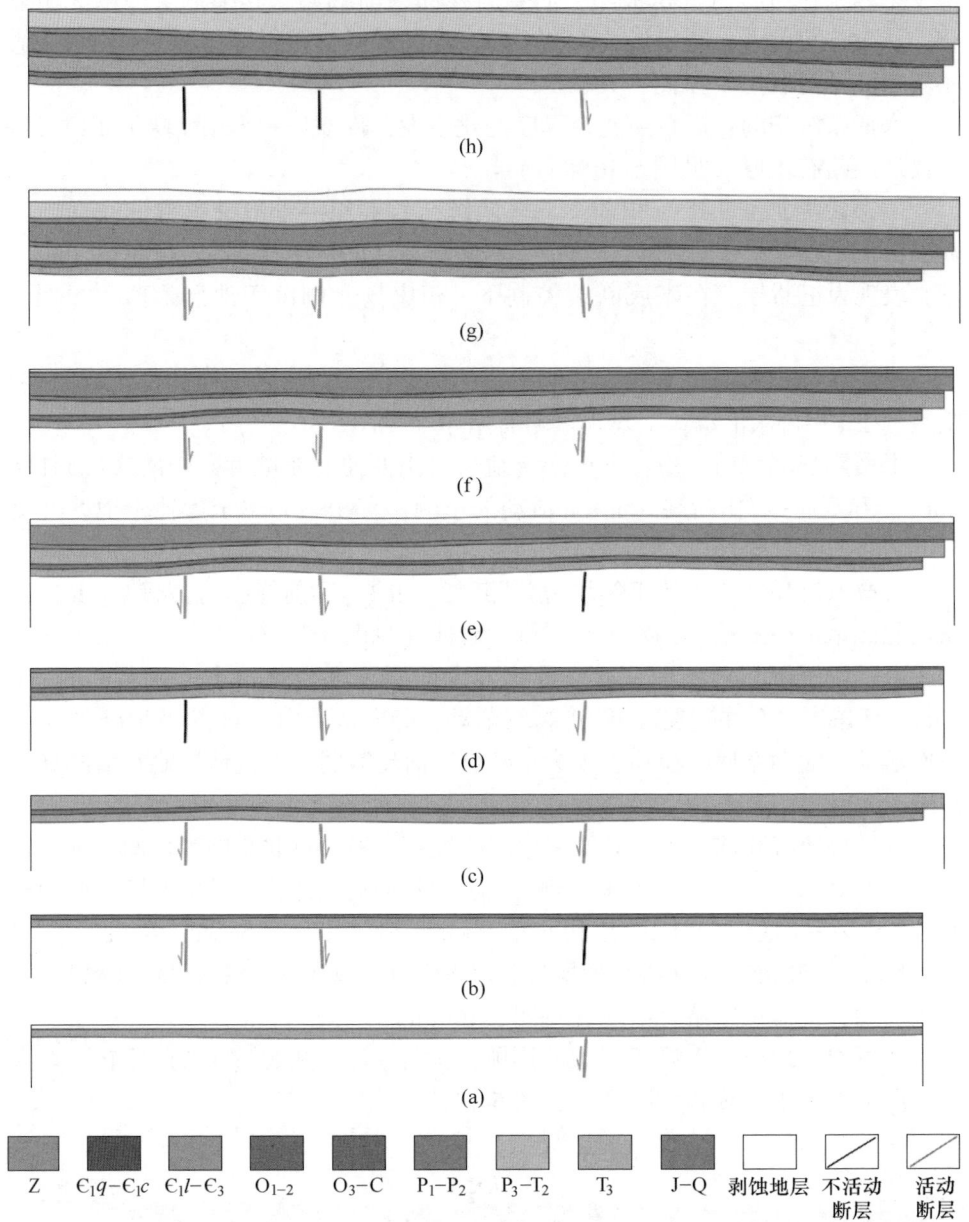

图 5-16　L8 剖面平衡剖面（剖面位置见图 4-5）

(a) 寒武系沉积前；(b) 下寒武统龙王庙组沉积前；(c) 奥陶系沉积前；
(d) 上奥陶统沉积前；(e) 二叠系沉积前；(f) 上二叠统沉积前；
(g) 上三叠统沉积前；(h) 侏罗系沉积前；(i) 侏罗纪—现今

图 5-16 彩图

整体来看，邻水–涪陵断裂（Ⅱ3）经历了5期活动，前锋–石柱断裂（Ⅱ2）经历了7期活动，双庙–罗田断裂（Ⅱ1）共经历6期。仅前锋–石柱断裂（Ⅱ2）具有反转特征，三条基底断裂倾向均存在反向现象（见图5-16），具体分析见5.4节。

5.2.2.4 L9剖面平衡剖面演化

L9剖面呈南西—北东走向，仅忠县地区垂直现今构造线，穿过方斗山背斜，长约220 km。该剖面自南西向北东垂直穿过邻水–涪陵断裂（Ⅱ3）和前锋–石柱断裂（Ⅱ2），与双庙–罗田断裂（Ⅱ1）斜交（见图4-5和图5-17）。

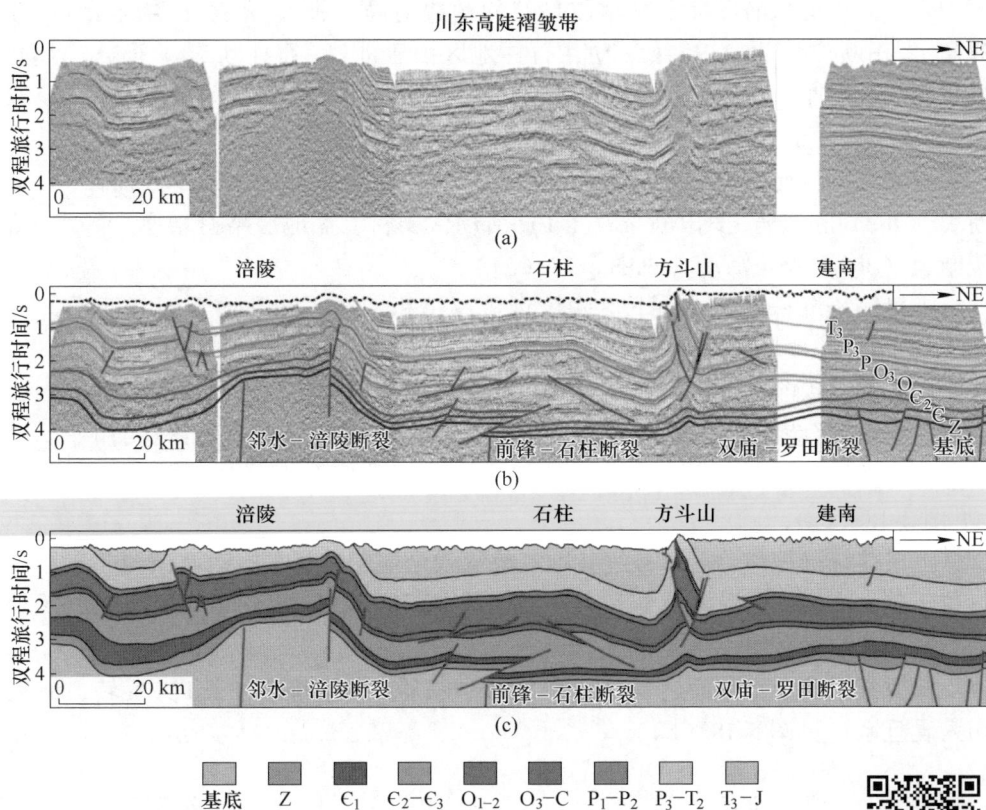

图5-17 L9剖面解释（剖面位置见图4-5）
（a）原始剖面；（b）（c）解释剖面
（据晏山 等，2021修改）

图5-17彩图

从沉积建造角度看，除涪陵地区外，地层整体近等厚分布。震旦系—下寒武统在涪陵以南和建南以北增厚明显，其余地区无明显变化。中—上奥陶统局部变形增厚。上奥陶统—石炭系在石柱地区增厚。中—下二叠统厚度薄且稳定。上二叠统—侏罗系自南西向北东增厚，涪陵地区的上三叠统—侏罗系缺失。从改造角度看，方斗山地区变形明显，核部出露二叠系地层。涪陵地区为一宽缓背斜，背斜核部发育一条切入基底的断层。石柱地区浅部较平缓，但深部震旦系—志留系变形复杂，发育多条断层，其中两条断层切入基底。建南以北震旦系—寒武系发育裂谷，基底断裂控制裂谷沉积（见图5-17）。

寒武系沉积前：邻水-涪陵断裂（Ⅱ3）和双庙-罗田断裂（Ⅱ1）活动，均表现为正断层。受基底断裂活动的影响，涪陵以南震旦系残余地层增厚明显。建南北东侧，由于基底断裂控制的裂谷活动，其内残余地层同样增厚（见图5-18（a））。

中寒武统沉积前：基本继承震旦纪的构造格局，邻水-涪陵断裂（Ⅱ3）和双庙-罗田断裂（Ⅱ1）持续活动，石柱地区由于前锋-石柱断裂（Ⅱ2）活动，沉积向北东增厚。从地层厚度变化看，邻水-涪陵断裂（Ⅱ3）活动最强，其次是双庙-罗田断裂（Ⅱ1）（见图5-18（b））。

奥陶系沉积前：中—上寒武统沉积较稳定，地层厚度变化较小。前锋-石柱断裂（Ⅱ2）和双庙-罗田断裂（Ⅱ1）活动微弱，上盘地层略有增厚。邻水-涪陵断裂（Ⅱ3）停止活动（见图5-18（c））。

上奥陶统沉积前：中—下奥陶统近等厚沉积，基底断裂均无明显活动（见图5-18（d））。

二叠系沉积前：上奥陶统—石炭系残余地层厚度变化较小，涪陵地区为剥蚀高点。邻水-涪陵断裂（Ⅱ3）再次活动，上盘地层增厚（见图5-18（e））。

上二叠统沉积前：中—下二叠统残余地层近等厚分布，基底断裂停止活动（见图5-18（f））。

上三叠统沉积前：上二叠统—中三叠统残余地层自北东向南西减薄，剥蚀高点位于剖面南西端、涪陵北侧和方斗山地区。双庙-罗田断裂（Ⅱ1）活动微弱，上盘残余地层略有增厚（见图5-18（g））。

侏罗纪—现今：剖面遭受挤压而变形。双庙-罗田断裂（Ⅱ1）反转，向上切入震旦系（见图5-18（h））。

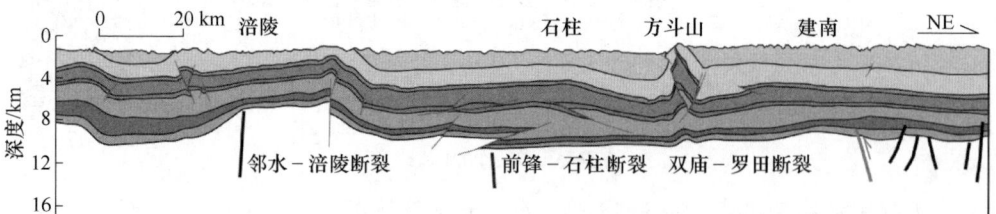

(h)

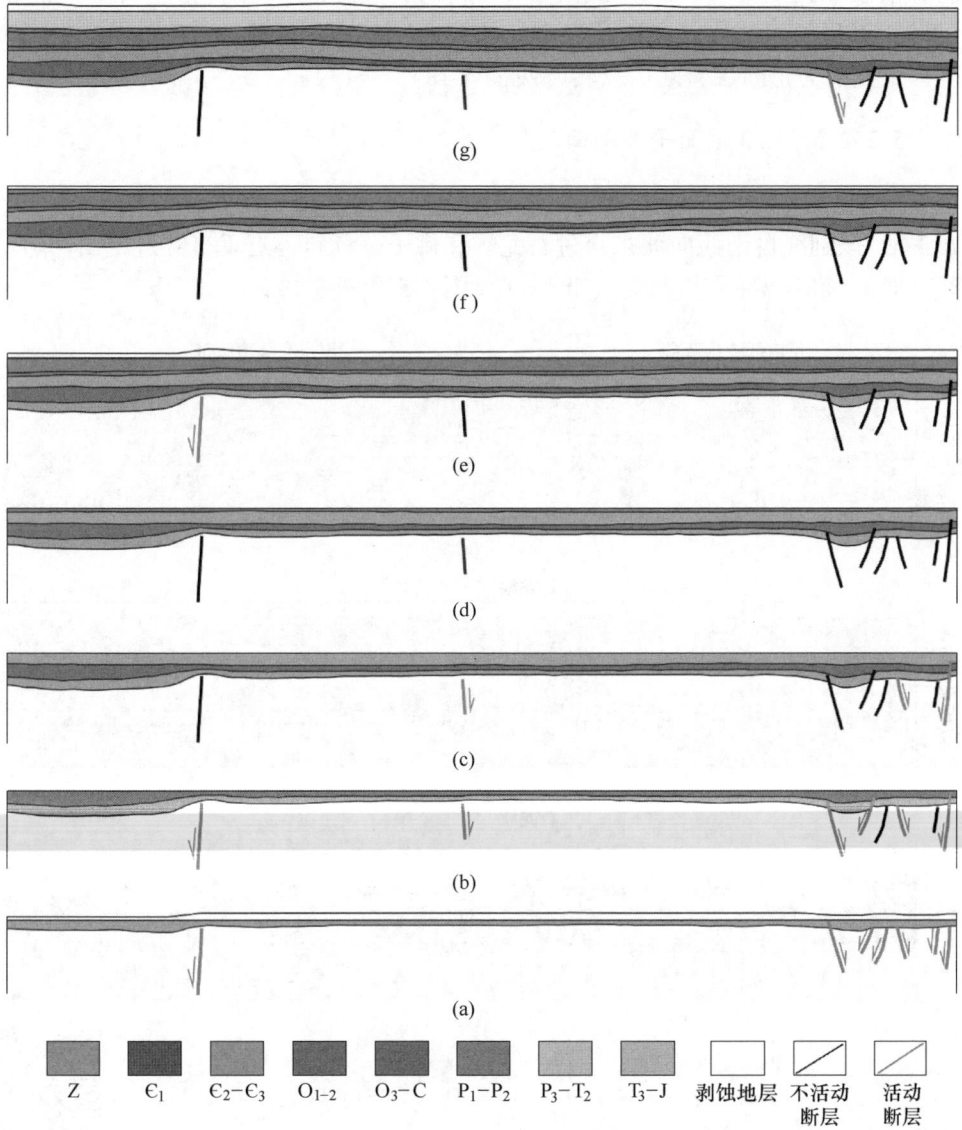

图 5-18 L9 剖面平衡剖面（剖面位置见图 4-5）

（a）寒武系沉积前；（b）中寒武统沉积前；（c）奥陶系沉积前；

（d）上奥陶统沉积前；（e）二叠系沉积前；（f）上二叠统沉积前；

（g）上三叠统沉积前；（h）侏罗纪—现今

（据晏山 等，2021 修改）

图 5-18 彩图

整体来看, 邻水-涪陵断裂 (II 3) 经历了 3 期活动, 均表现为正断层, 控制了涪陵以南震旦系—下寒武统和上奥陶统—石炭系的增厚。前锋-石柱断裂 (II 2) 经历了两期活动, 活动微弱。前锋-石柱断裂 (II 2) 经历了 5 期活动, 晚三叠世前为正断层, 之后反转 (见图 5-18)。

5.2.2.5　L10 剖面平衡剖面演化

L10 剖面呈南西—北东走向, 横跨川南低陡构造带和川东高陡构造带, 长约 70 km。该剖线自南西向北东穿过石龙峡和桃子荡背斜, 近垂直穿过璧山-綦江断裂 (III 3) 和长寿-南川断裂 (II 4) (见图 4-5 和图 5-19)。

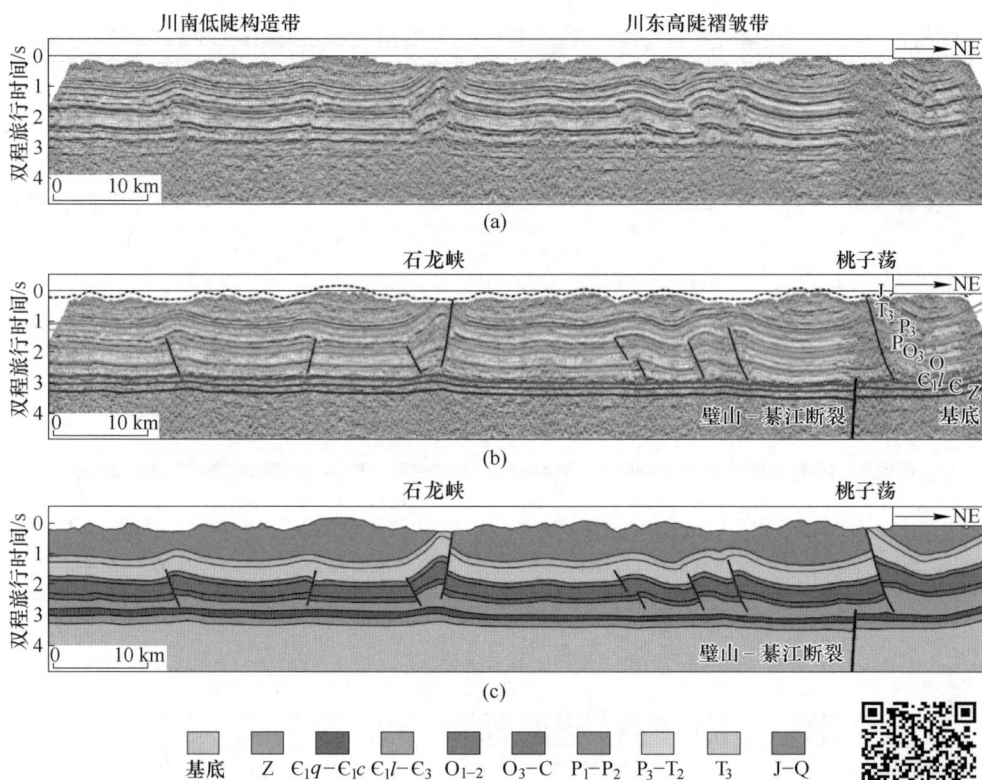

图 5-19　L10 剖面解释 (剖面位置见图 4-5)
(a) 原始剖面; (b) (c) 解释剖面

图 5-19 彩图

从沉积建造角度看, 地层整体沉积特征为近等厚分布。震旦系—下寒武统沧浪铺组和奥陶系—三叠系厚度稳定。下寒武统龙王庙组—上寒武统自北东向南西减薄, 局部变形增厚。侏罗系—第四系在向斜内较厚。从改造角度看, 剖面变形简单。石龙峡和桃子荡背斜变形最强, 核部断层出露地表。其余区域发育多个低起伏的背斜，核部断层多滑脱于寒武系和三叠系滑脱层。璧山－綦江断裂（Ⅲ3）切入盖层，向上滑脱于寒武系滑脱层（见图5-19）。由于长寿－南川断裂（Ⅱ4）穿过剖面末端，平衡剖面无法恢复其上下盘地层厚度变化的准确趋势，因此不对其活动性进行分析。

寒武系沉积前：震旦系残余地层厚度变化不大，璧山－綦江断裂（Ⅲ3）活动微弱，表现为正断层，上盘地层略有增厚（见图5-20（a））。

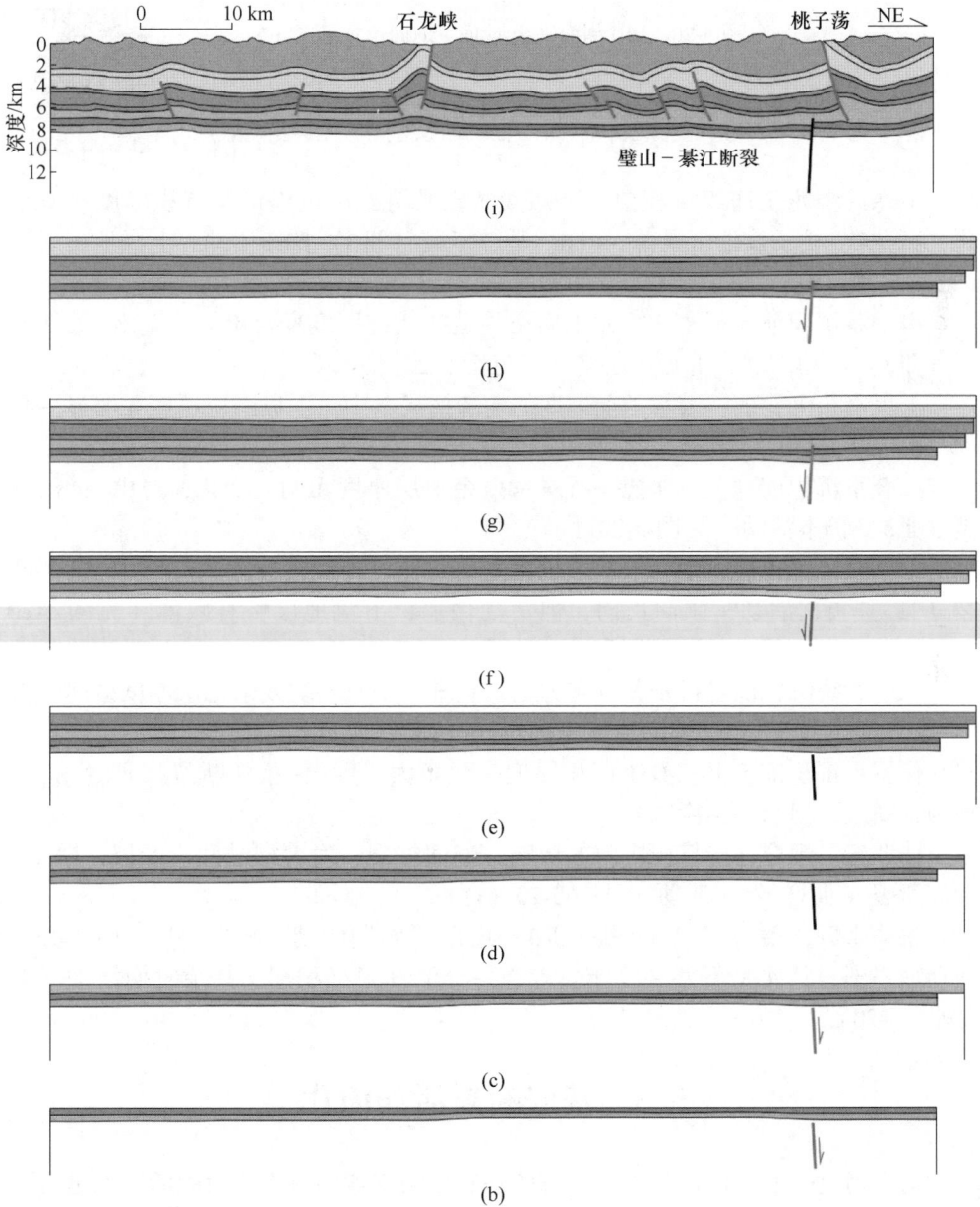

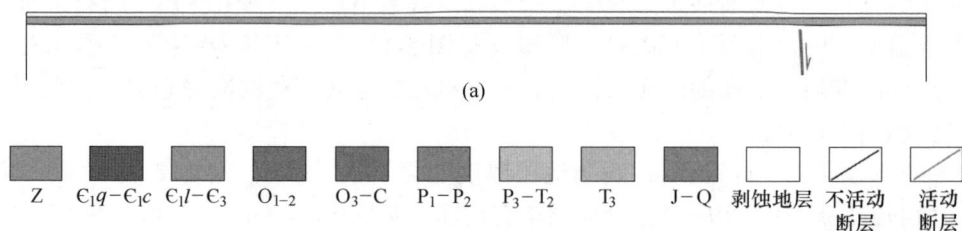

图 5-20　L10 剖面平衡剖面（剖面位置见图 4-5）

（a）寒武系沉积前；（b）下寒武统龙王庙组沉积前；（c）奥陶系沉积前；
（d）上奥陶统沉积前；（e）二叠系沉积前；（f）上二叠统沉积前；
（g）上三叠统沉积前；（h）侏罗系沉积前；（i）侏罗纪—现今

图 5-20 彩图

下寒武统龙王庙组沉积前：下寒武统筇竹寺组—沧浪铺组沉积厚度略有变化，石龙峡-桃子荡地区最薄，璧山-綦江断裂（Ⅲ3）持续活动，上盘地层增厚（见图 5-20（b））。

奥陶系沉积前：下寒武统龙王庙组—上寒武统厚度变化不大，璧山-綦江断裂（Ⅲ3）活动微弱，上盘地层略厚（见图 5-20（c））。

上奥陶统沉积前：继承了上一期的构造格局，中—下奥陶统厚度无明显变化（见图 5-20（d））。

二叠系沉积前：上奥陶统—石炭系残余地层厚度无明显变化，璧山-綦江断裂（Ⅲ3）仍不活动（见图 5-20（e））。

上二叠统沉积前：中—下二叠统沉积较稳定，厚度变化不大。璧山-綦江断裂（Ⅲ3）再次活动，倾向反向，但活动微弱，下盘地层略有减薄（见图 5-20（f））。基底断裂倾向变化原因见 5.4 节。

上三叠统沉积前：桃子荡以东，上二叠统—中三叠统残余地层厚度减薄，璧山-綦江断裂（Ⅲ3）持续活动（见图 5-20（g））。

侏罗系沉积前：上三叠统沉积厚度变化不大，璧山-綦江断裂（Ⅲ3）仍表现为正断层，但活动强度减弱（见图 5-20（h））。

侏罗纪—现今：受挤压应力的影响，剖面缩短，发育褶皱和逆断层，璧山-綦江断裂（Ⅲ3）停止活动（见图 5-20（i））。

整体来看，璧山-綦江断裂（Ⅲ3）经历了 6 期活动，晚二叠世—中三叠世活动最强烈，其次是下寒武统筇竹寺组—沧浪铺组沉积期，其余时期活动微弱（见图 5-20）。

5.3　基底断裂活动演化

前文通过平衡剖面恢复，已对每条基底断裂在盖层演化阶段的活动性进行了分析。本节基于前文研究编制各地质时期活动基底断裂展布平面图，对每个时期的基底断裂活动性进行分析，为研究基底断裂活动对盖层构造的影响打下基础。

5.3.1 震旦纪

震旦纪活动基底断裂系统复杂多样，涵盖了多个不同方向和特性的断裂带。具体而言，包括南西—北东向的华蓥山断裂（Ⅰ1）、涪陵-云阳断裂（Ⅲ2）以及齐岳山断裂（Ⅰ2）；北西—南东向的双庙-罗田断裂（Ⅱ1）、邻水-涪陵断裂（Ⅱ3）以及璧山-綦江断裂（Ⅲ3）；南北向的长寿-南川断裂（Ⅱ4）。在这些断裂中，璧山-綦江断裂（Ⅲ3）和双庙-罗田断裂（Ⅱ1）有分段活动特征。璧山-綦江断裂（Ⅲ3）可分为两段，南段倾向北东，北段倾向南西。双庙-罗田断裂（Ⅱ1）分为三段，西段和东段倾向北东，中段倾向南西。值得注意的是，这些多个方向的基底断裂都表现为正断层，这一特征揭示了震旦纪川东地区处于多向拉张的动力学背景下（见图5-21）。

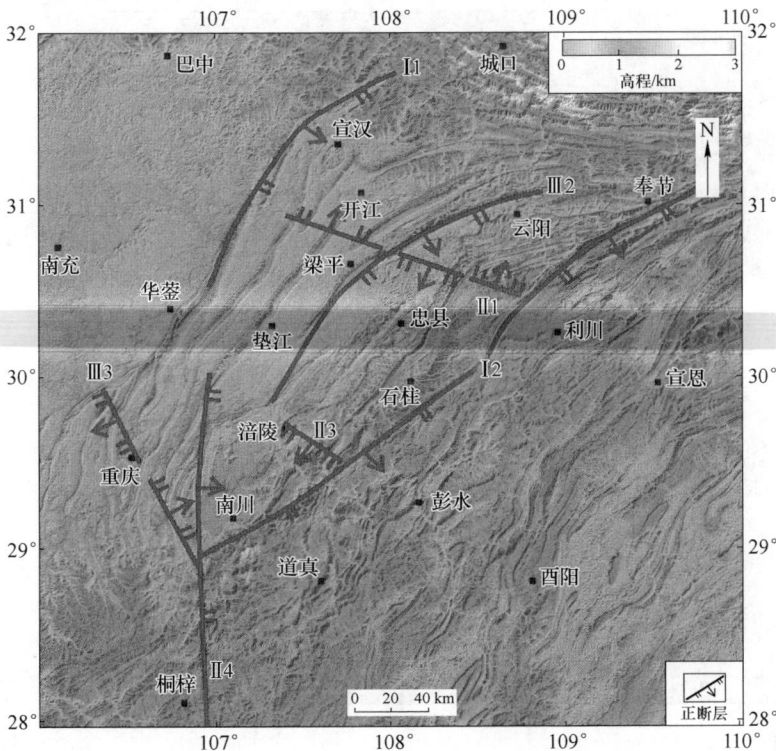

图 5-21　震旦纪活动基底断裂展布图

图 5-21 彩图

5.3.2 古生代

5.3.2.1 早寒武世筇竹寺组—沧浪铺组沉积期

活动基底断裂包括南西—北东向的华蓥山断裂（Ⅰ1）、涪陵-云阳断裂（Ⅲ2）和齐岳山断裂（Ⅰ2）；北西—南东向的双庙-罗田断裂（Ⅱ1）、前锋-石柱断裂（Ⅱ2）、邻水-涪陵断裂（Ⅱ3）以及璧山-綦江断裂（Ⅲ3）（见图5-22）。与震旦纪相比，新增活动基底断裂包括华蓥山断裂（Ⅰ1）南段和前锋—石柱断裂（Ⅱ2）。双庙-罗田断裂（Ⅱ1）中段、璧山-綦江断裂（Ⅲ3）北段以及长寿-南川断裂（Ⅱ4）停止活动。邻水-涪陵断裂（Ⅱ3）和双庙-罗田断裂（Ⅱ1）西段向北西延伸，表明基底断裂仍在生长。此时，基底断裂仍为正断层，反映出早寒武世筇竹寺组—沧浪铺组沉积期川东地区仍处于多向拉张的动力学背景下（见图5-21和图5-22）。

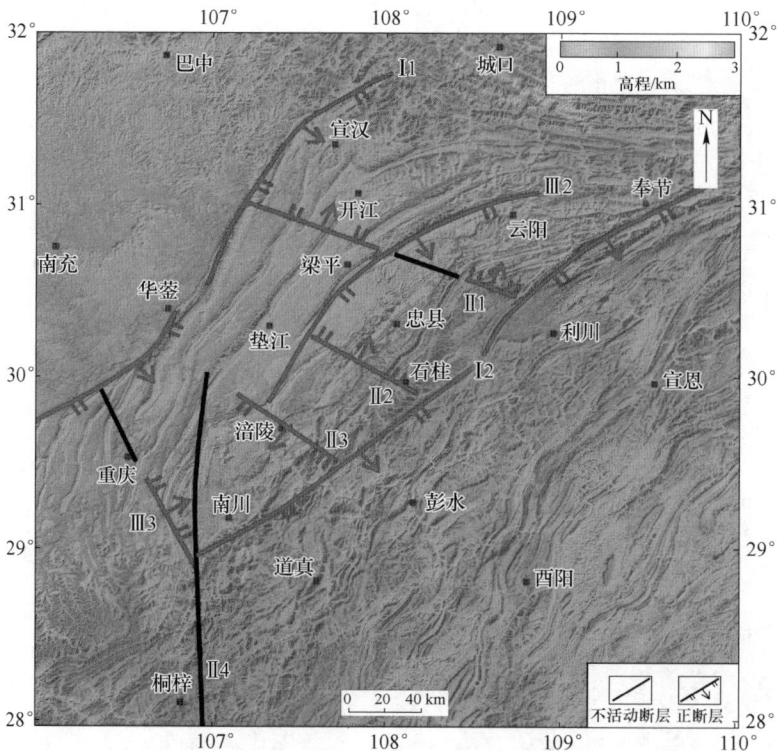

图 5-22 早寒武世筇竹寺组—沧浪铺组沉积活动基底断裂展布图　　图 5-22 彩图

5.3.2.2 早寒武世龙王庙组沉积期—晚寒武世

活动基底断裂包括南西—北东向的华蓥山断裂（Ⅰ1）、涪陵-云阳断裂

（Ⅲ2）以及齐岳山断裂（Ⅰ2）；北西—南东向的双庙-罗田断裂（Ⅱ1）、前锋-石柱断裂（Ⅱ2）、邻水-涪陵断裂（Ⅱ3）以及璧山-綦江断裂（Ⅲ3）；南北向的长寿-南川断裂（Ⅱ4）（见图5-23）。

与早寒武世筇竹寺组—沧浪铺组沉积期相比，璧山-綦江断裂（Ⅲ3）北段、双庙-罗田断裂（Ⅱ1）中段以及长寿-南川断裂（Ⅱ4）再次活动，邻水-涪陵断裂（Ⅱ3）北段开始活动。华蓥山断裂（Ⅰ1）南段向北东延伸。双庙-罗田断裂（Ⅱ1）西段停止活动，东段倾向反向。东段倾向变化的原因是该段为一个断裂带，发育多条基底断裂，且这些基底断裂的倾向不同（见图5-8（b）和（c）），在不同时期选择性活动（见图5-18）。基底断裂仍为正断层，表明川东地区持续处于拉张状态（见图5-22和图5-23）。

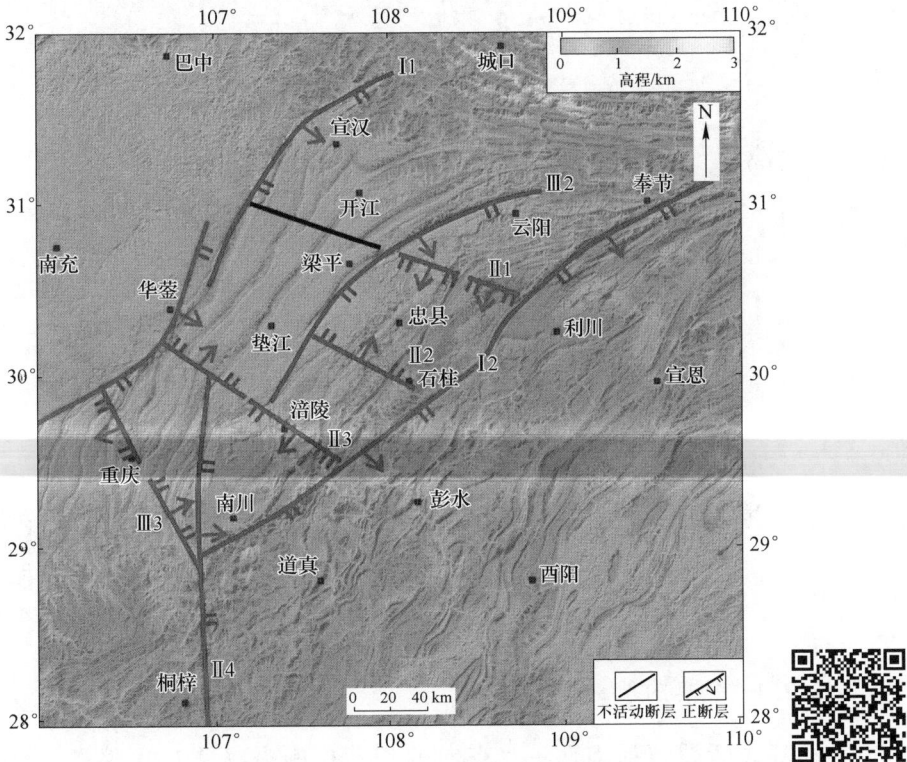

图 5-23 早寒武世龙王庙组沉积期—晚寒武世活动基底断裂展布图　图 5-23 彩图

5.3.2.3　早—中奥陶世

活动基底断裂包括南西—北东向的华蓥山断裂（Ⅰ1）和齐岳山断裂（Ⅰ2）；北西—南东向的双庙-罗田断裂（Ⅱ1）中段和前锋-石柱断裂（Ⅱ2）中段。与早寒武世龙王庙组沉积期—晚寒武世相比，华蓥山断裂（Ⅰ1）北段、齐岳山断

裂（Ⅰ2）南段、双庙-罗田断裂（Ⅱ1）东段、前锋-石柱断裂（Ⅱ2）东段、
邻水-涪陵断裂（Ⅱ3）、长寿-南川断裂（Ⅱ4）以及璧山-綦江断裂（Ⅲ3）停
止活动。活动基底断裂的数量明显减少，平衡剖面显示基底断裂的活动性减弱
（见图5-2、图5-4、图5-8、图5-10和图5-16），表明川东地区转变为弱拉张状态
（见图5-24）。

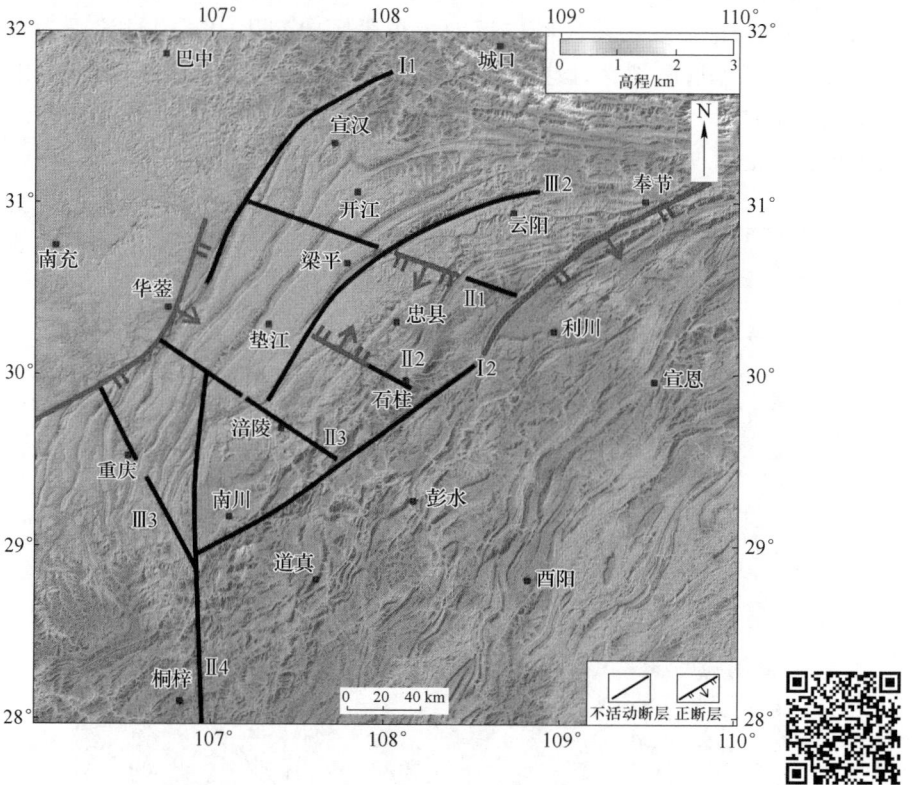

图 5-24　早—中奥陶世活动基底断裂展布图　　　　　　图 5-24 彩图

5.3.2.4　晚奥陶世—石炭纪

　　活动基底断裂包括南西—北东向的华蓥山断裂（Ⅰ1）、涪陵-云阳断裂
（Ⅲ2）以及齐岳山断裂（Ⅰ2）南段；北西—南东向的宣汉-开江断裂（Ⅲ1）、
双庙-罗田断裂（Ⅱ1）西段、前锋-石柱断裂（Ⅱ2）、邻水-涪陵断裂（Ⅱ3）
南段以及璧山-綦江断裂（Ⅲ3）；南北向的长寿-南川断裂（Ⅱ4）（见图5-25）。
　　与早—中奥陶世相比，华蓥山断裂（Ⅰ1）北段、齐岳山断裂（Ⅰ2）南段、
双庙-罗田断裂（Ⅱ1）西段、邻水-涪陵断裂（Ⅱ3）南段、长寿-南川断裂
（Ⅱ4）、璧山-綦江断裂（Ⅲ3）北段以及涪陵-云阳断裂（Ⅲ2）再次活动，前

锋-石柱断裂（Ⅱ2）向北西延伸并受华蓥山断裂（Ⅰ1）限制。新增活动基底断裂为宣汉-开江断裂（Ⅲ1）。活动基底断裂数量明显增加，基底断裂的活动也明显变强（见图5-2、图5-4、图5-6、图5-10、图5-12、图5-14、图5-16和图5-18），表明川东地区构造活动变强。齐岳山断裂（Ⅰ2）南段表现为逆断层，但盆地内其余基底断裂均为正断层，表明来自盆地南东侧的挤压影响到了盆地东南缘，但尚未影响到川东地区内部（见图5-24和图5-25）。

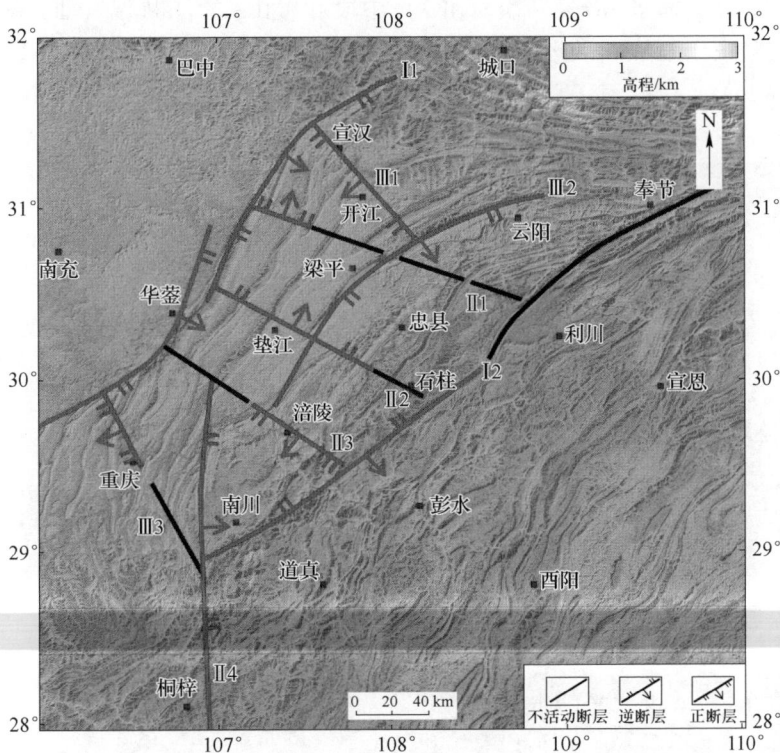

图5-25 晚奥陶世—石炭纪活动基底断裂展布图　　　图5-25 彩图

5.3.2.5 早—中二叠世

活动基底断裂包括南西—北东向的华蓥山断裂（Ⅰ1）北段和南段北端、涪陵-云阳断裂（Ⅲ2）以及齐岳山断裂（Ⅰ2）；北西—南东向的宣汉-开江断裂（Ⅲ1）、双庙-罗田断裂（Ⅱ1）中段、前锋-石柱断裂（Ⅱ2）中段、邻水-涪陵断裂（Ⅱ3）以及璧山-綦江断裂（Ⅲ3）；南北向的长寿-南川断裂（Ⅱ4）（见图5-26）。

与晚奥陶世—石炭纪相比，华蓥山断裂（Ⅰ1）南段南端和双庙-罗田断裂（Ⅱ1）西段、前锋-石柱断裂（Ⅱ2）西段以及邻水-涪陵断裂（Ⅱ3）东段停止活动, 齐岳山断裂 (Ⅰ2) 北段、双庙–罗田断裂 (Ⅱ1) 中段、邻水–涪陵断裂 (Ⅱ3) 西段以及璧山–綦江断裂 (Ⅲ3) 南段再次活动。活动基底断裂的活动性明显变弱 (见图 5-4、图 5-6、图 5-10、图 5-12、图 5-14 和图 5-16), 表明川东地区由强拉张状态转变为弱拉张状态。齐岳山断裂 (Ⅰ2) 南段再次反转, 表现为正断层, 反映川东地区东南缘由挤压状态转变为拉张状态。部分基底断裂局部倾向反向。前锋–石柱断裂 (Ⅱ2) 中段倾向变化是由于其近垂直的结构特征所致 (见图 5-9 (c))。邻水–涪陵断裂 (Ⅱ3) 中段和璧山–綦江断裂 (Ⅲ3) 南段倾向变化可能是由于基底断裂近垂直或基底断裂带发育多条倾向不同的断裂 (见图 5-25 和图 5-26)。

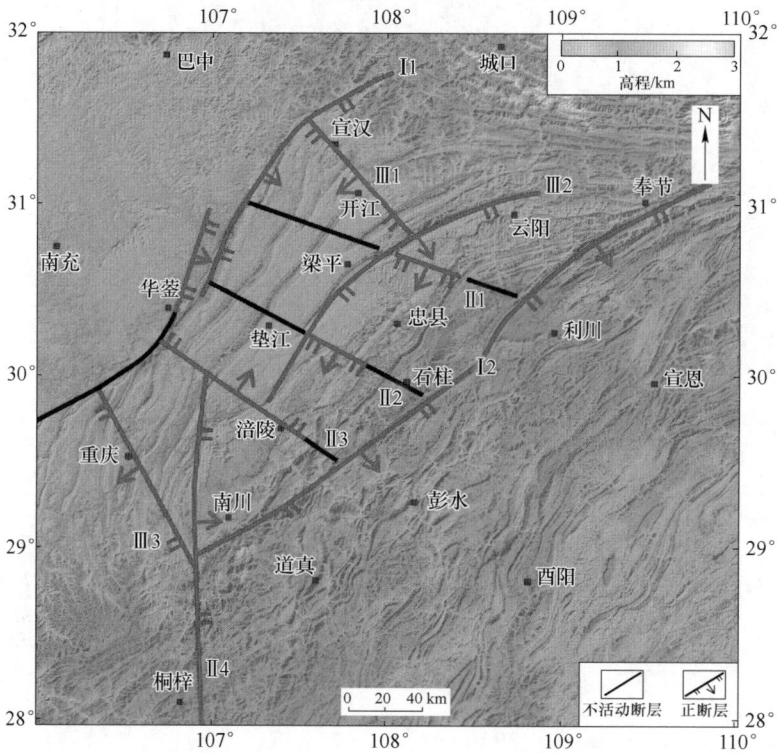

图 5-26　早—中二叠世活动基底断裂展布图　　　　图 5-26 彩图

5.3.3　中生代—新生代

5.3.3.1　中三叠世

中三叠世, 印支运动早期使川东地区抬升, 剥蚀严重, 泸州古隆起核部的雷口坡组缺失 (黄涵宇 等, 2019)。因此, 本书认为平衡剖面显示的晚二叠世—中三叠世的基底断裂活动主要发生在中三叠世。此时，活动的基底断裂包括南西—北东向的华蓥山断裂（Ⅰ1）和涪陵-云阳断裂（Ⅲ2）；北西—南东向的宣汉-开江断裂（Ⅲ1）、双庙-罗田断裂（Ⅱ1）中段和东段、前锋-石柱断裂（Ⅱ2）中段、邻水-涪陵断裂（Ⅱ3）以及璧山-綦江断裂（Ⅲ3）南段；南北向的长寿-南川断裂（Ⅱ4）（见图5-27）。

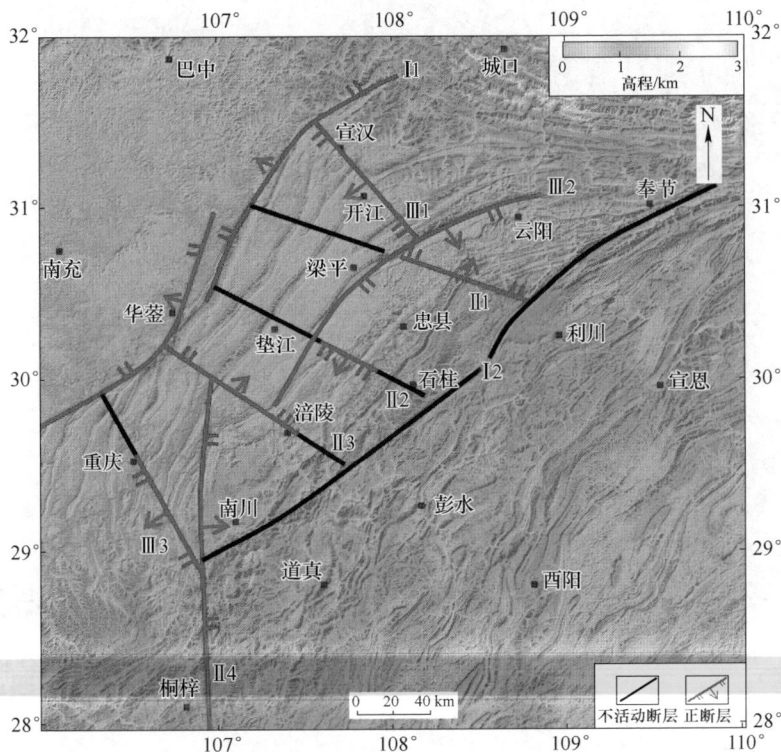

图5-27 中三叠世活动基底断裂展布图

与早—中二叠世相比，齐岳山断裂（Ⅰ2）和璧山-綦江断裂（Ⅲ3）北段停止活动，华蓥山断裂（Ⅰ1）南段南端和双庙-罗田断裂（Ⅱ1）东段再次活动。平衡剖面显示基底断裂的活动强度增大（见图5-2、图5-4、图5-6、图5-12、图5-14、图5-16和图5-20），表明川东地区的拉张变得更强烈。L1和L3显示华蓥山断裂（Ⅰ1）近垂直，而L2上其表现为两条倾向相向的基底断裂（见图4-6），这可能是其倾向变化的原因。双庙-罗田断裂（Ⅱ1）中段倾向变化可能是由于基底断裂近垂直或基底断裂带发育多条倾向不同的断裂（见图5-26和图5-27）。

5.3.3.2 晚三叠世

活动基底断裂包括南西—北东向的华蓥山断裂（Ⅰ1）、涪陵-云阳断裂（Ⅲ2）

（Ⅲ2）和齐岳山断裂（Ⅰ2）；北西—南东向的宣汉-开江断裂（Ⅲ1）、双庙-罗田断裂（Ⅱ1）中段和西段以及璧山-綦江断裂（Ⅲ3）；南北向的长寿-南川断裂（Ⅱ4）（见图5-28）。

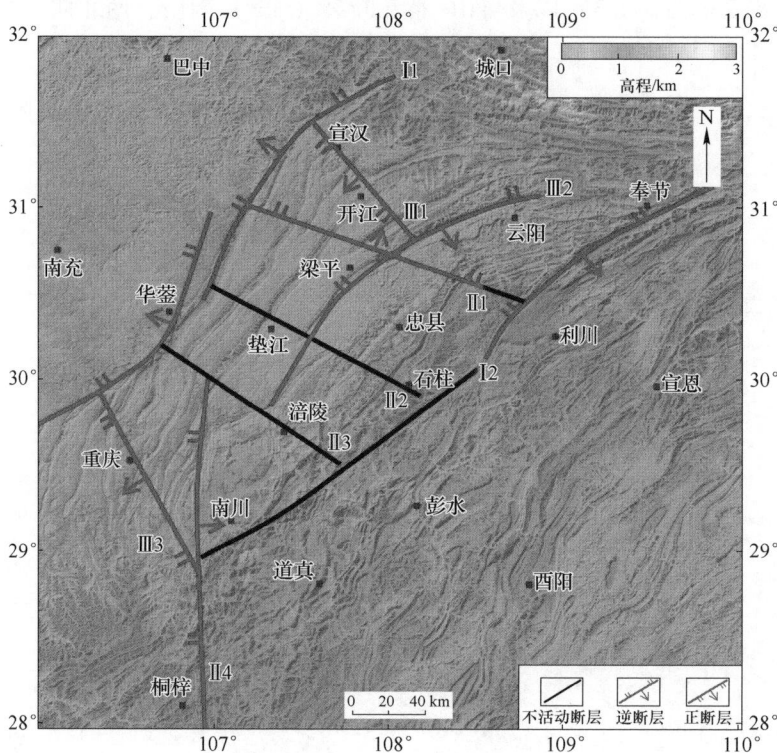

图 5-28　晚三叠世活动基底断裂展布图　　　　　图 5-28 彩图

与中三叠世相比，双庙-罗田断裂（Ⅱ1）东段、前锋-石柱断裂（Ⅱ2）中段和邻水-涪陵断裂（Ⅱ3）停止活动，齐岳山断裂（Ⅰ2）北段、双庙-罗田断裂（Ⅱ1）西段和璧山-綦江断裂（Ⅲ3）北段再次活动。齐岳山断裂（Ⅰ2）北段和涪陵-云阳断裂（Ⅲ2）发生反转，表明来自盆地东南侧的挤压影响到了川东地区内部。南西—北东向的活动基底断裂仍表现为正断层，反映川东没有受到大巴山地区挤压的影响（见图5-27和图5-28）。

5.3.3.3　侏罗纪—第四纪

活动基底断裂包括南西—北东向的华蓥山断裂（Ⅰ1）北段和南段南端、涪陵-云阳断裂（Ⅲ2）以及齐岳山断裂（Ⅰ2）；北西—南东向的宣汉-开江断裂（Ⅲ1）北段、双庙-罗田断裂（Ⅱ1）西段和东段、前锋-石柱断裂（Ⅱ2）西段和中段；南北向的长寿-南川断裂（Ⅱ4）（见图5-29）。

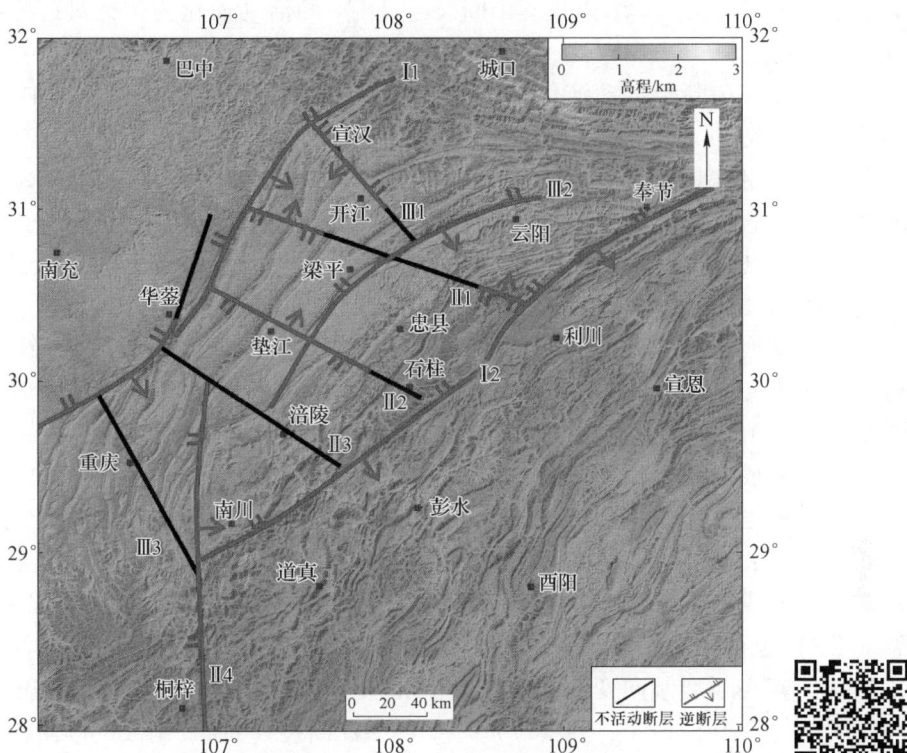

图 5-29 侏罗纪—第四纪活动基底断裂展布图

图 5-29 彩图

与晚三叠世相比，华蓥山断裂（Ⅰ1）南段北端、宣汉-开江断裂（Ⅲ1）南段、双庙-罗田断裂（Ⅱ1）中段以及璧山-綦江断裂（Ⅲ3）停止活动，齐岳山断裂（Ⅰ2）南段、前锋—石柱断裂（Ⅱ2）西段和中段再次活动（见图 5-28 和图 5-29）。齐岳山断裂（Ⅰ2）的活动明显变强，表明来自盆地东南侧的挤压变得更强烈（见图 5-16 和图 5-18）。这些基底断裂均表现为逆断层，华蓥山断裂（Ⅰ1）北段和南段南端、齐岳山断裂（Ⅰ2）以及前锋-石柱断裂（Ⅱ2）活动较强烈，盖层断距明显（见图 4-6、图 5-11、图 5-12、图 5-13、图 5-15、图 5-16 和图 5-17），其余断裂活动微弱。由于侏罗纪—第四纪地层大面积遭受不同程度的剥蚀，难以准确判断基底断裂的上下盘地层原始厚度变化趋势。因此，仅通过盖层标志层的错断来识别切入盖层的基底断裂活动，但这并不意味着其余基底断裂一定不活动。

5.4 基底断裂活动特征

前文对川东基底断裂活动演化的分析结果中，存在一些特征，例如基底断裂的分段活动和生长。本节以华蓥山断裂（Ⅰ1）的活动演化为例，对这些特征进行具体分析。

（1）华蓥山断裂活动演化：华蓥山断裂（Ⅰ1）可分为两段，即F1和F2。震旦纪时，仅F1活动，F2于寒武纪开始活动。早寒武世龙王庙组沉积期—晚寒武世，F2向北东向延伸，但没有与F1相连。早—中奥陶世，F1停止活动，晚奥陶世—石炭纪再次活动。早—中二叠世，F2南段停止活动，中三叠世再次活动。中三叠世，F1和F2的倾向由南东转变为北西，晚三叠世持续活动。侏罗纪—第四纪，F2和F1均反转，F2北段停止活动（见图5-30）。

（2）基底断裂的分段活动：震旦纪时，华蓥山断裂北段活动，而南段不活动（见图5-30（a））；早—中奥陶世时，华蓥山断裂北段不活动，南段活动（见图5-30（d））。其余大部分基底断裂也表现出分段活动的特征。

（3）基底断裂生长：寒武纪期间，F2向北东方向生长（见图5-30（b）和（c））。基底断裂沿走向的生长是一种普遍现象（Conneally et al.，2017；Wang et al.，2018；Xu et al.，2018），持续的拉张或挤压动力学背景下可能导致此类现象的发生。除华蓥山断裂（Ⅰ1）外，双庙-罗田断裂（Ⅱ1）和邻水-涪陵断裂（Ⅱ3）也存在生长现象（见图5-21和图5-22）。

（4）基底断裂倾向变化：中三叠世和侏罗纪—第四纪，华蓥山断裂（Ⅰ1）倾向反向（见图5-30（g）和（i））。璧山-綦江断裂（Ⅲ3）南段的倾向在早—中二叠世反向（见图5-31（f））。此外，双庙-罗田断裂（Ⅱ1）、前锋-石柱断裂（Ⅱ2）和邻水-涪陵断裂（Ⅱ3）局部的倾向也存在反向现象。基底断裂倾向变化的原因主要有两种：（1）断裂产状近垂直，如华蓥山断裂（Ⅰ1）南段南端和北段（见图4-6（a）和（b））；（2）基底断裂带发育多条倾向不同的断裂，如华蓥山断裂（Ⅰ1）南段北端（见图4-6（c）~（f））和双庙-罗田断裂（Ⅱ1）东段（见图4-8（b）和（c））。实际上，基底断裂倾向并未发生改变，只是不同时期，基底断裂带内不同倾向的断裂选择性活动（见图5-4和图5-18）。构造物理模拟实验中也发现了类似的现象（见图5-31）。拉张环境中，首先发育了许多微小的正断层（见图5-31（a）和（h））。随着拉张的继续，又发育了F5、F6、F7和F8四条断层，其中F5与其余三条断层倾向不同。从铅直断距和延伸长度看，F5是最大的一条断层（见图5-31（b）和（i））。断层在拉张环境中继续演化，F6、F7和F8相连，延伸长度超过了F5，但铅直断距较小（见图5-31（c）和（j））。随着F9的铅直断距持续增大，最终超过了F5（见图5-31（d）、（e）、（k）和（l））。最后，F9继续生长，而F5停止活动（见图5-31（f）、（g）、（m）和（n））。早期的主断层是F5，但F9出现后，F9逐渐发育成主断层，两条断层的倾向不同。因此，基底带若发育多条倾向不同的断裂，在后期构造演化过程就可能会发生选择性活动。

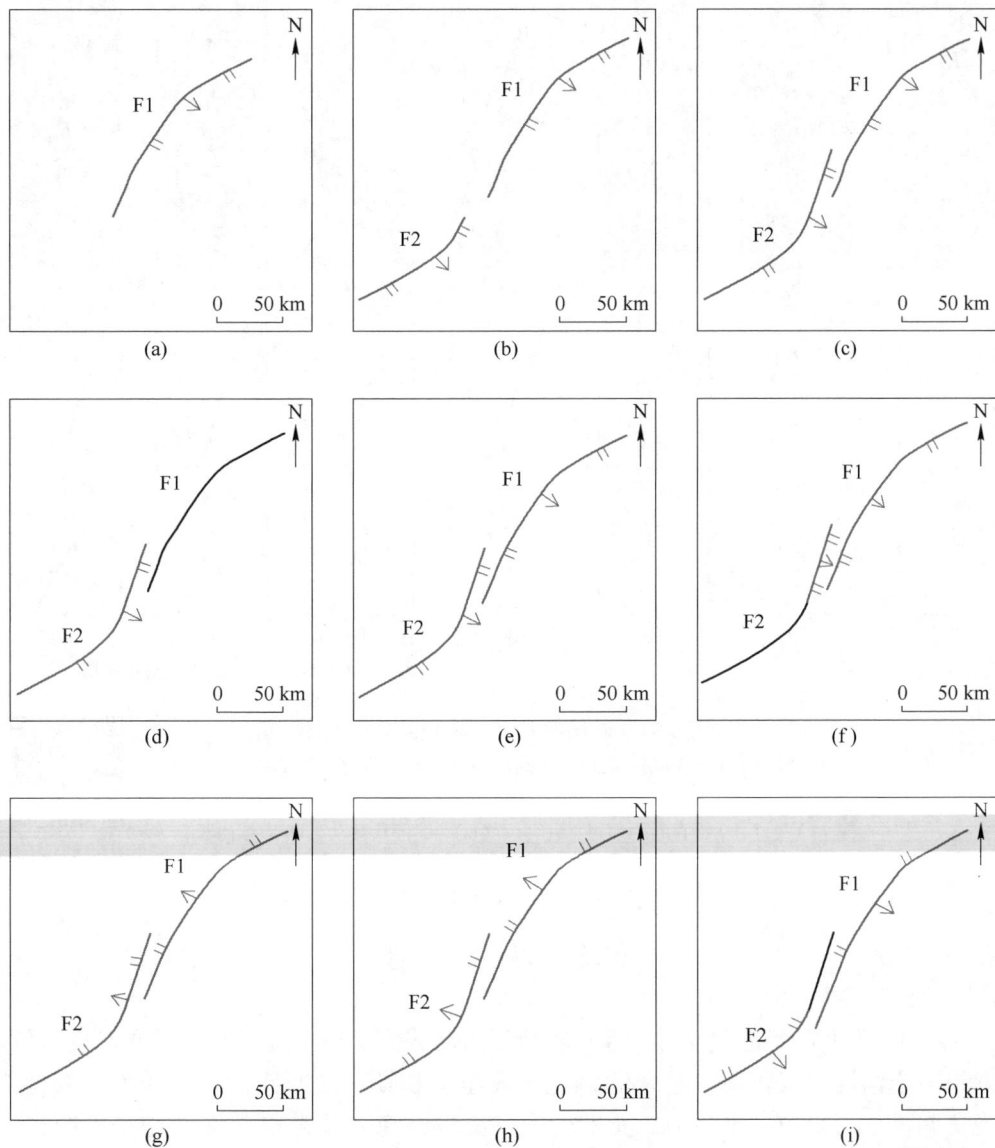

图 5-30 华蓥山断裂活动演化

（a）震旦纪；（b）早寒武世筇竹寺组—沧浪铺组沉积期；（c）早寒武世龙王庙组沉积期—晚寒武世；（d）早—中奥陶世；（e）晚奥陶世—石炭纪；（f）早—中二叠世；（g）中三叠世；（h）晚三叠世；（i）侏罗纪—第四纪

图 5-30 彩图

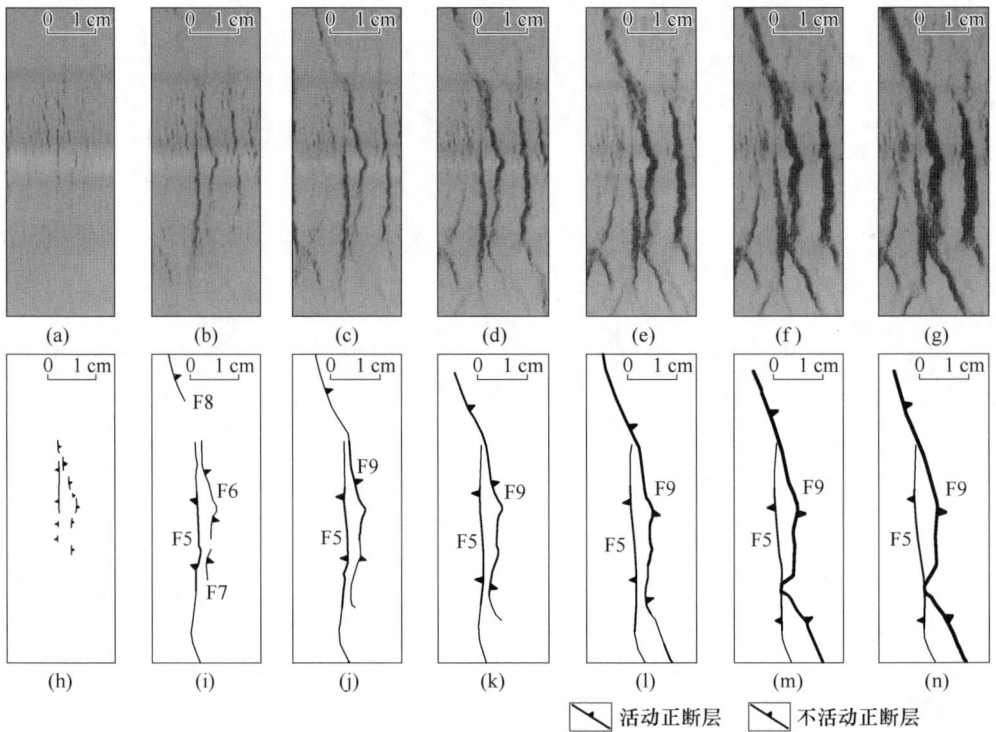

图 5-31　断层演化物理模拟结果平面图

（a）（h）拉张初期发育的微小正断层；（b）（i）发育 F5、F6、F7 和 F8
4 条正断层；（c）（j）F6、F7 和 F8 相连成 F9；（d）（k）F9 的铅直断距增大；
（e）（l）F9 铅直断距超过 F5；（f）（m）F5 停止活动，F9 继续生长；
（g）（n）F9 持续生长

（断层越细代表铅直断距越小）

图 5-31 彩图

5.5　小　　结

（1）通过平衡剖面演化，将基底断裂活动分为 9 期：震旦纪、早寒武世筇竹寺组—沧浪铺组沉积期、早寒武世龙王庙组沉积期—晚寒武世、早—中奥陶世、晚奥陶世—石炭纪、早—中二叠世、中三叠世、晚三叠世以及侏罗纪—第四纪。各时期活动基底断裂既有北东向的也有北西向的。

（2）整体来看，早—中奥陶世和早—中二叠世基底断裂活动最弱，其余时期基底断裂活动较强，早—中奥陶世活动基底断裂数量最少。侏罗纪—现今的活动基底断裂中，华蓥山断裂（Ⅰ1）、齐岳山断裂（Ⅰ2）和前锋-石柱断裂（Ⅱ2）活动明显较强烈，其余断裂活动微弱。

（3）大部分基底断裂表现出反转特征，除齐岳山断裂（Ⅰ2）、长寿-南川断裂（Ⅱ4）和涪陵-云阳断裂（Ⅲ2）外，其余活动基底断裂在震旦纪—三叠纪表现为正断层，侏罗纪—第四纪发生反转。长寿-南川断裂（Ⅱ4）和涪陵-云阳断裂（Ⅲ2）在震旦纪—中三叠世为正断层，晚三叠世发生反转。齐岳山断裂（Ⅰ2）在晚奥陶世—石炭纪和晚三叠世—现今为逆断层，其余时期为正断层。

（4）除长寿-南川断裂（Ⅱ4）和涪陵-云阳断裂（Ⅲ2）外，其余基底断裂表现出分段活动特征。例如，震旦纪时，华蓥山断裂北段活动、南段不活动；早—中奥陶世时，华蓥山断裂北段不活动、南段活动。

6 川东基底断裂对盖层构造的影响

研究区域经历了多期构造运动，这些运动既包括拉张性质的伸展作用，也涵盖了挤压性质的压缩作用。其中，燕山期至喜马拉雅期的挤压构造运动尤为强烈，导致了显著的褶皱变形，这些变形特征在地质记录中留下了深刻的印记。不同时期形成的基底断裂在构造格局的控制方面发挥着至关重要的作用。它们不仅是划分不同构造单元的自然边界，更是地史进程中区域性岩相变化、构造线展布以及构造区划的重要边界线，因此，对于理解区域地质构造的演化具有不可替代的意义。

川东地区的基底具有极为显著的非均一性特征，这种非均一性在很大程度上影响了该区域的地质构造格局。在后期复杂的构造演化历程中，早期的基底断裂体系对盖层的构造格局产生了深远的影响。这些早期断裂不仅作为构造演化的"遗迹"，记录了区域地质历史的变迁，更通过其活化过程，对后续沉积盖层的形成、变形乃至现今的构造样式产生了重要的影响。因此，深入研究川东地区基底断裂对盖层构造的影响，对于揭示该区域地质构造的复杂性和多样性具有重要意义。

6.1 基底断裂对川东古构造演化的影响

为了深入研究基底断裂对沉积盖层古构造演化的影响，最直接且有效的方法是从宏观角度出发，通过对比分析活动基底断裂的展布特征与各主要目的层古构造及地层展布特征之间的内在联系。这种对比分析不仅能够把握整体格局，还能从细节上揭示基底断裂如何具体影响沉积盖层的构造演化。鉴于此，本书依托丰富的钻井资料、地震数据以及野外剖面观测信息，编制了川东地区残余地层的厚度分布图。在此基础上，结合前人研究成果，深入分析了地质时期活动基底断裂对沉积盖层古构造的影响。然而，地震剖面数量仍相对有限，且这些剖面并不能进行全层系的详细划分。此外，川东地区的构造演化历程极为复杂，基底断裂更是呈现出分段活动的显著特征，这意味着不同断裂段在同一地质时期的活动性可能存在显著差异。因此，在综合分析地层厚度展布特征的基础上，本书对平衡剖面所揭示的部分基底断裂活动性进行了必要的调整和优化，以期更准确地反映川东地区基底断裂的真实活动情况及其对沉积盖层古构造演化的具体影响。

6.1.1 震旦纪

南华纪—震旦纪（820~545 Ma）是罗迪尼亚超大陆大规模解体的时期。随着持续的裂离作用，位于扬子超大陆西部的澳大利亚渐渐远离，华北板块与扬子板块之间存在震旦大洋，扬子板块周缘发育陆缘裂陷盆地（潘桂棠 等，2017）。在板缘拉张动力作用的控制下，南华纪时，扬子板块内部局部发育克拉通内裂陷，形成了溆浦-三江陆缘裂陷带。裂谷盆地中南华纪的沉积序列齐全，尤其是间冰期深水沉积形成的含铁锰矿大塘坡组，它呈带状分布在上扬子东南边缘和中扬子的西南缘，具有典型的地垒、地堑式结构（黄慧琼 等，1988；杜远生 等，2015）。通过陡山沱组的印模厚度反映的四川盆地震旦系沉积前的古地貌格局表明，基底呈现隆-洼相间的地貌格局（杨跃明 等，2016）。

震旦纪时期，区域性大陆裂谷作用结束，进入克拉通盆地演化阶段（李忠雄 等，2004）。晚震旦世—早寒武世，四川盆地经历了多次抬升运动，称为桐湾运动（童崇光，1992；汪泽成 等，2002；武赛军 等，2016）。受桐湾运动的影响，四川盆地及周缘地区发育了三期不整合面，分别位于上震旦统灯影组二段和四段之间、灯影组四段和下寒武统麦地坪组之间，以及下寒武统麦地坪组和筇竹寺组之间（武赛军 等，2016）。在晚震旦世强烈的拉张动力学背景下，盆地北缘发育了北东向的万源-达州克拉通内裂陷（赵文智 等，2017），西部发育近南北向的绵竹-长宁克拉通内裂陷（刘树根 等，2013）。

综上所述，四川盆地震旦纪—早寒武世处于区域伸展背景下的多向拉张环境，以垂直运动为主。在多向拉张的动力学环境下，川东地区的北东向和北西向基底断裂均活动，都表现为正断层。

平衡剖面所显示的震旦纪活动基底断裂在早震旦世和晚震旦世并不一定全部活动。结合陡山沱组地层厚度图，本书认为，璧山-綦江断裂（Ⅲ3）北段在早震旦世不活动。下震旦统陡山沱组是在隆-洼相间的基底背景下发育的一套补偿沉积，盆内发育了四个古隆起：乐山-威远古隆起、遂宁-广安古隆起、达州-开江古隆起和汉南古隆起。川东地区活动基底断裂控制了此时的古构造格局。乐山-威远古隆起和遂宁-广安古隆起即为乐山-龙女寺古隆起的雏形，二者被绵竹-长宁裂陷槽分隔成两个古高点。长寿-南川断裂（Ⅱ4）和涪陵-云阳断裂（Ⅲ2）控制了遂宁-广安古隆起的东南边界。达州-开江古隆起位于川东北部，呈南西—北东走向，主要受控于华蓥山断裂（Ⅰ1）和涪陵-云阳断裂（Ⅲ2）。基底断裂活动的控制下，古隆起两侧发育凹陷，原万县（今万州区）凹陷沉积厚度大于 200 m（见图 6-1）。

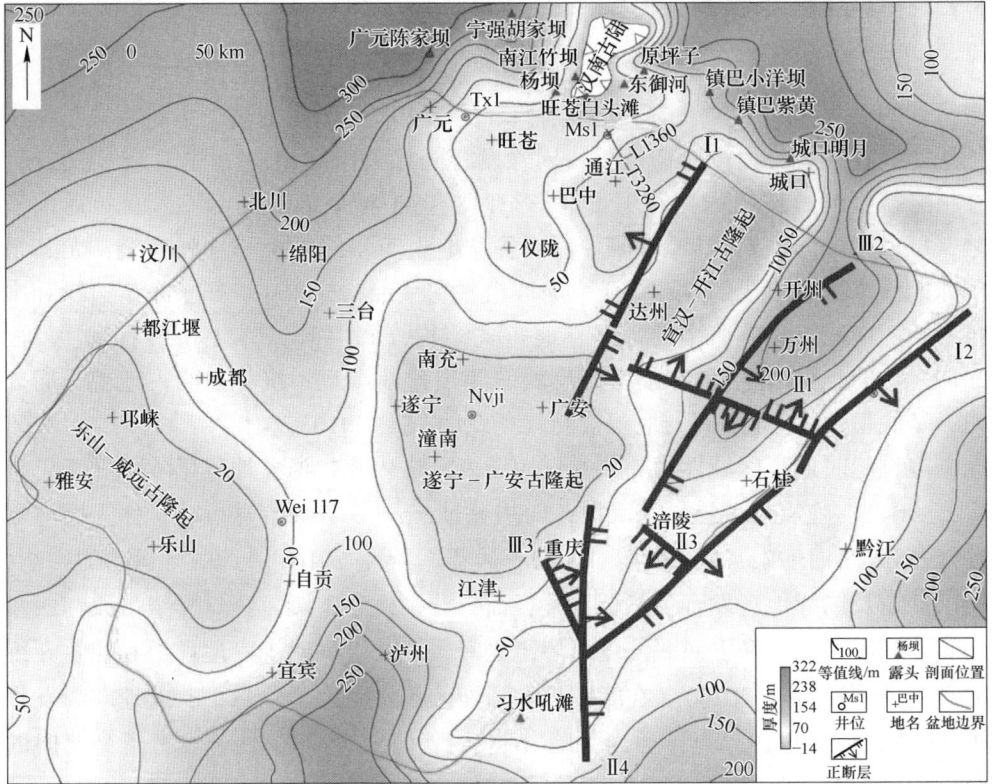

图 6-1　四川盆地下震旦统陡山沱组地层厚度与活动基底断裂叠合图
（底图据杨跃明 等，2016；段金宝 等，2019）

图 6-1 彩图

　　晚震旦世灯影组一、二段沉积期，四川盆地以碳酸盐岩台地沉积为主，台地边缘及台内裂陷两侧的高能环境中均发育了规模较大的台缘丘滩体，环绕台地分布，盆地内部可见零星分布的台内丘滩体。受华蓥山断裂（Ⅰ1）和涪陵-云阳断裂（Ⅲ2）持续活动的影响，宣汉-开江古隆起持续隆升。五探 1 井钻入前震旦系，钻遇灯影组总厚度 303 m，远小于周缘地区。由于古隆起核部缺失下震旦统陡山沱组和上震旦统灯影组一段，灯影组二段直接与下伏厚层碎屑岩接触（汪泽成 等，2020）（见图 6-2）。灯影组一段沉积末期，遂宁-广安古隆起出现相对沉降，被海水淹没，开始接受灯影组二段的沉积。灯影组二段沉积末期，桐湾运动 I 幕使盆地差异抬升，遂宁-广安古隆起遭受严重剥蚀，随后再次转变为水下古隆起，接受灯影组三段的沉积（梅庆华 等，2014）。宣汉-开江古隆起在这一时期仍表现为古陆，核部缺失灯影组三段和灯影组四段下部（谷志东 等，2016）。

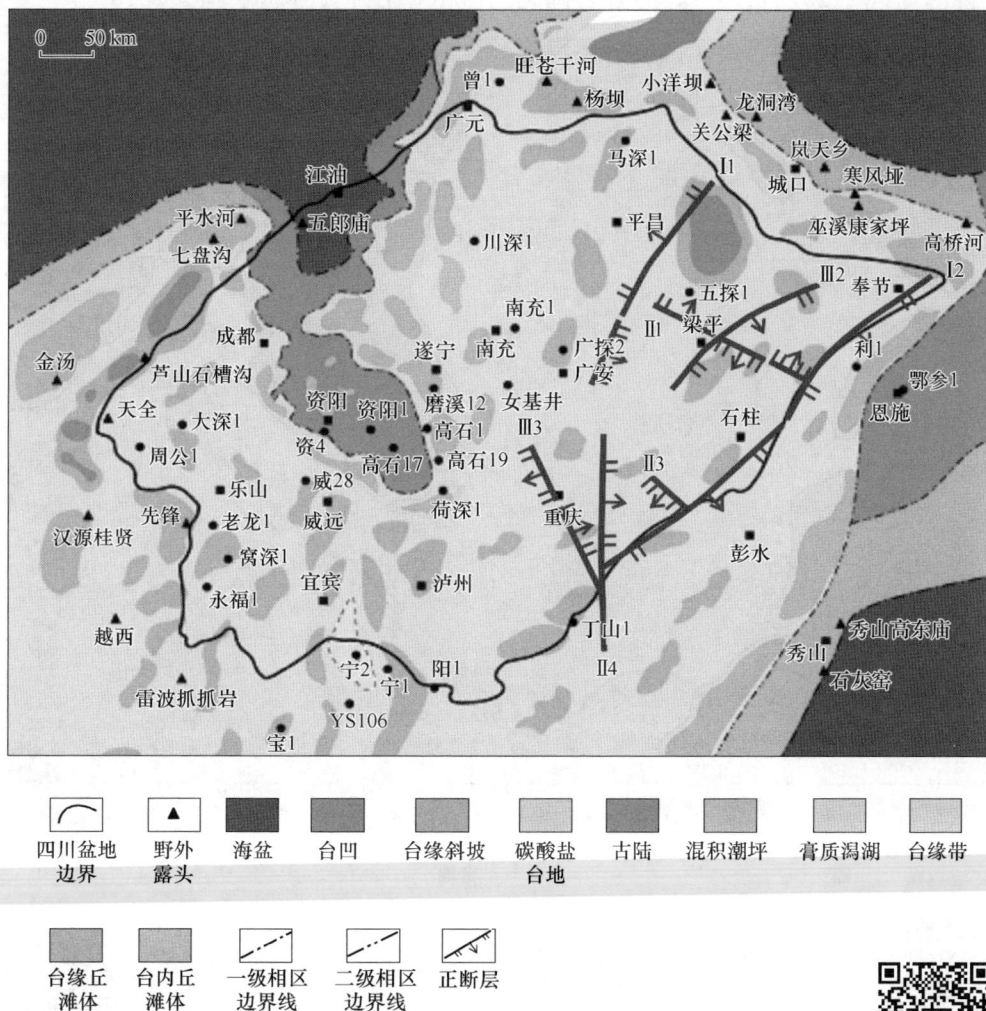

图 6-2 四川盆地灯影组一、二段岩相古地理与活动基底断裂叠合图
（底图据汪泽成 等，2020）

图 6-2 彩图

灯影组四段沉积期，随着海侵范围的扩大，早期的古陆消失，台内裂陷向盆内延伸，穿过盆地。遂宁-广安古隆起仍为水下古隆起，持续接受灯影组四段的沉积。灯影组四段上部沉积时，海水侵没了宣汉-开江古隆起，古隆起区开始接受沉积（谷志东 等，2016）。

由于齐岳山断裂（I2）北段的持续活动，奉节-利川地区的台缘带不断向盆地内侧靠近（见图6-3）。灯影组四段沉积末期，桐湾运动II幕使盆地再次抬升，遭受剥蚀。灯影组四段的沉积厚度从遂宁-广安古隆起核部向外围逐渐增厚

（许海龙 等，2012），宣汉–开江古隆起同样相对抬升（谷志东 等，2016）。

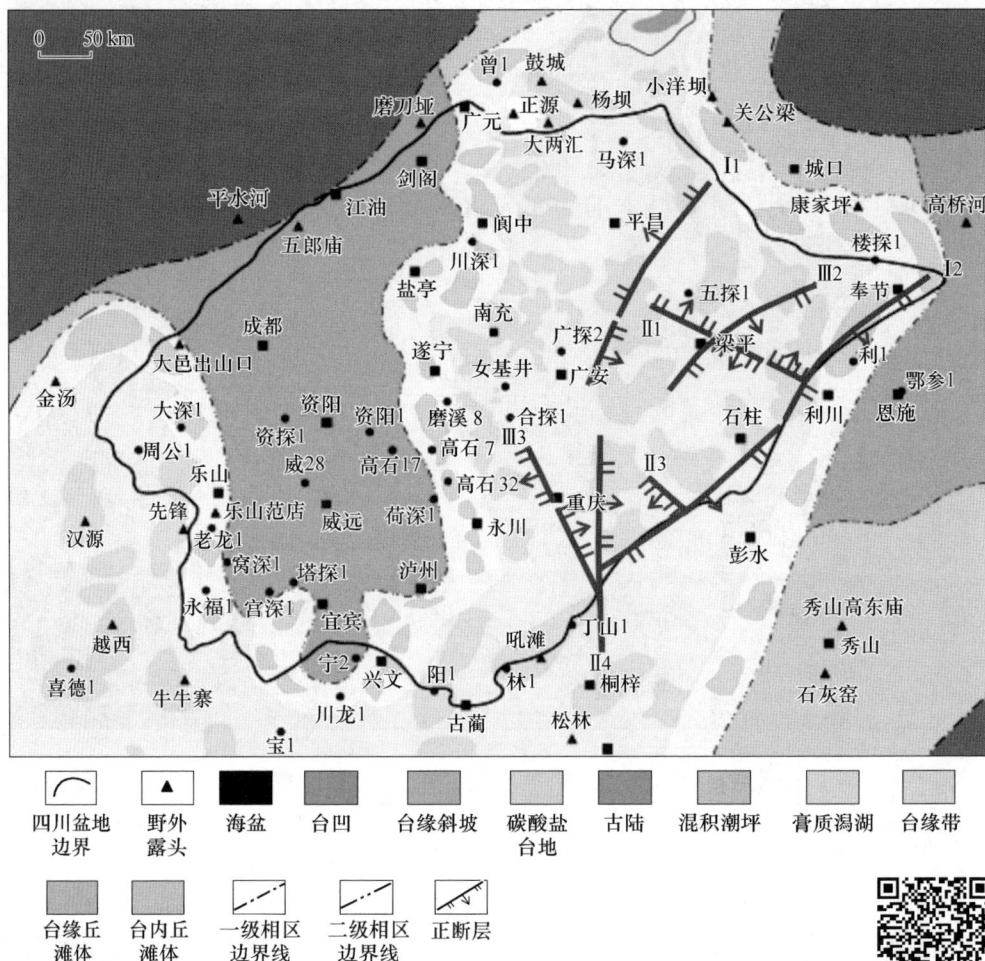

图 6-3　四川盆地灯影组四段岩相古地理与活动基底断裂叠合图
（底图据汪泽成 等，2020）

图 6-3 彩图

6.1.2　古生代

6.1.2.1　早寒武世筇竹寺组—沧浪铺组沉积期

早寒武世麦地坪组沉积期末，桐湾运动Ⅲ幕使四川盆地及周缘经历了明显的差异抬升，下寒武统麦地坪组与筇竹寺组不整合接触（武赛军 等，2016）。裂陷槽周缘和台地区域普遍缺失麦地坪组，仅在绵竹–长宁裂陷槽内有沉积（赵立可 等，2020）。因此，在川东地区，筇竹寺组直接不整合地覆盖于灯影组之上，桐湾运动Ⅱ幕和Ⅲ幕所形成的两期不整合面合二为一。绵竹–长宁裂陷槽是区域拉张背景下，四川盆地晚震旦世—早寒武世最明显的构造响应。筇竹寺组一段、筇竹寺组二段及筇竹寺组三段仍主要分布在裂陷槽内，筇竹寺组四段以广覆式分布为特征（赵立可 等，2020）。沧浪铺组依旧受裂陷作用控制，裂陷槽内部沉积厚度相对较大（魏国齐 等，2015）。因此，四川盆地及周缘地区至沧浪铺组沉积期仍处于陆隆伸展的动力学背景下，川东北西向和北东向基底断裂均有活动，都表现为正断层（见图6-4）。

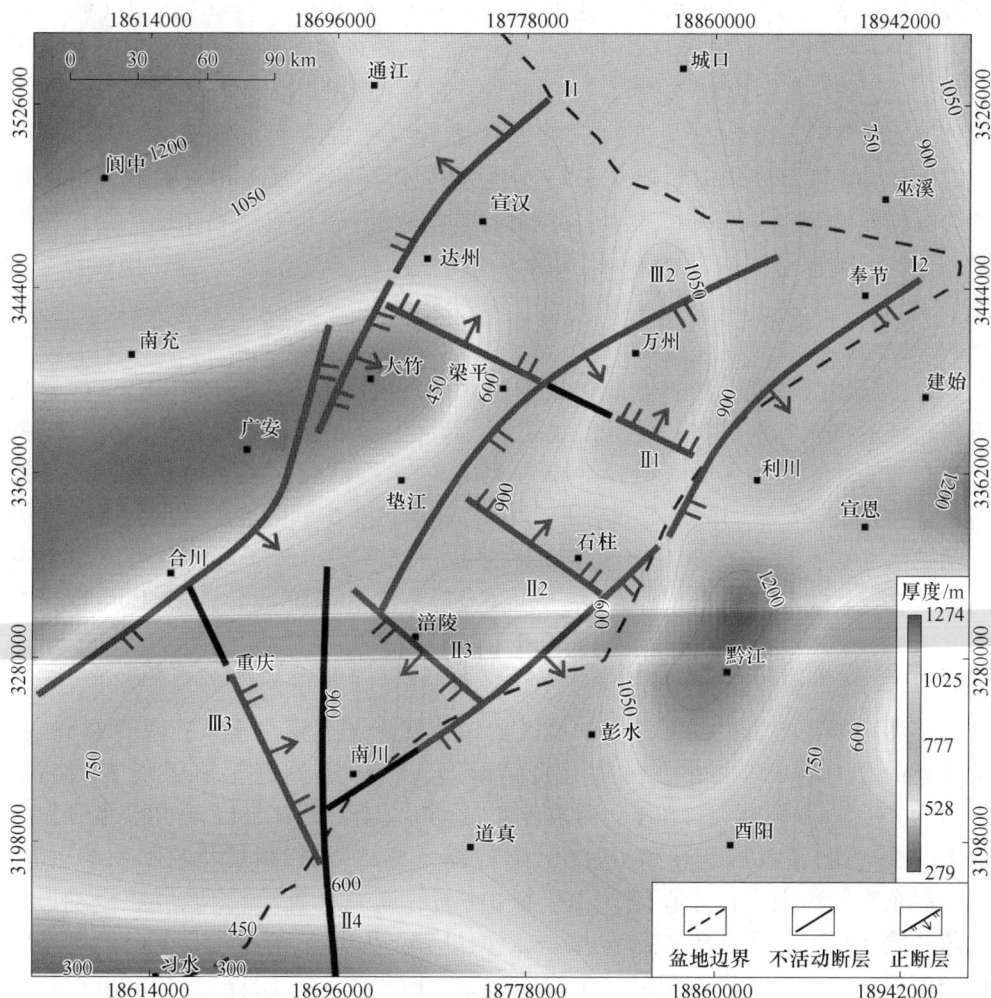

图6-4 川东及邻区下寒武统麦地坪组—沧浪铺组
残余地层厚度与活动基底断裂叠合图

图6-4彩图

在活动基底断裂控制下，川东及周缘地区整体构造格局呈现出"三隆四凹"的特征，"三隆"包括遂宁-广安古隆起、涪陵-石柱古

隆起和利川-巫溪古隆起。"四凹"围绕隆起分布，包括重庆-南川凹陷、黔江-宣恩凹陷、万州凹陷和通江以西的凹陷区。遂宁-广安古隆起持续隆升，核部沉积地层明显减薄。与震旦纪不同的是，华蓥山断裂（Ⅰ1）南段开始活动，古隆起东南边界向北西迁移。华蓥山断裂（Ⅰ1）北段和涪陵-云阳断裂（Ⅲ2）持续活动的影响下，宣汉-开江地区仍是构造高部位，两侧为凹陷区。但由于双庙-罗田断裂（Ⅱ1）西段向北西延伸，隆起的幅度明显小于遂宁-广安古隆起，转变为隆起翼部。隆起东南侧的万州凹陷内有筇竹寺组一至三段的沉积（赵立可等，2020）。涪陵-石柱地区发育了一个北东东向的隆起，核部沉积厚度小于600 m，受控于齐岳山断裂（Ⅰ2）、前锋-石柱断裂（Ⅱ2）、邻水-涪陵断裂（Ⅱ3）和涪陵-云阳断裂（Ⅲ2），前人称之为石柱古隆起（盛贤才等，2004；晏山等，2021）。齐岳山断裂（Ⅰ2）的活动使川东南侧沉降相对明显，黔江地区的沉积厚度超过1200 m。利川-巫溪古隆起与另外两个古隆起相比，隆起幅度较小，核部沉积厚度约为800 m（见图6-4）。

6.1.2.2　早寒武世龙王庙组沉积期

龙王庙组沉积期，四川盆地仍处于拉张阶段（刘树根等，2016b），但盆地西部地区的沉积和构造格局发生了改变。在海侵作用的影响下，盆地以发育碳酸盐岩台地为主，其西缘继续抬升（李皎和何登发，2016），裂陷槽基本已经萎缩消亡（魏国齐等，2015）。平衡剖面显示的早寒武世龙王庙组沉积期—晚寒武世活动基底断裂，可能在龙王庙组沉积期并非全都活动，活动特征也可能略有不同。结合龙王庙组残余地层厚度图，本书认为齐岳山断裂（Ⅰ2）、双庙-罗田断裂（Ⅱ1）、长寿-南川断裂（Ⅱ4）和璧山-綦江断裂（Ⅲ3）南段不活动，华蓥山断裂（Ⅰ1）北段北端倾向北西（见图6-5）。

在活动基底断裂控制下，川东地区的构造格局整体变化不大，只有奉节-巫溪隆起消亡。乐山-龙女寺古隆起持续隆升，南东边界仍受控于华蓥山断裂（Ⅰ1）。双庙-罗田断裂（Ⅱ1）西段停止活动，宣汉-开江古隆起再次抬升，华蓥山断裂（Ⅰ1）北段北端和涪陵-云阳断裂（Ⅲ2）仍控制其北西和东南边界。古隆起东南侧仍发育两个凹陷。由于璧山-綦江断裂（Ⅲ3）南段停止活动，而北段开始活动，导致重庆-南川凹陷向南西迁移。万州凹陷由北北东向的椭圆状转变为近浑圆状。齐岳山断裂（Ⅰ2）南段停止活动，石柱古隆起核部自石柱南西侧向北东迁移到石柱东侧，涪陵-石柱地区仍为由前锋-石柱断裂（Ⅱ2）南段和邻水-涪陵断裂（Ⅱ3）控制的相对高部位（见图6-5）。

从沉积特征看，活动基底断裂也控制了川东地区的沉积相展布。台内滩的形成往往与台地内的局部水下隆起有关。乐山-龙女寺古隆起和宣汉-开江古隆起区是盆内主要台内滩的分布区。基底断裂控制了古隆起的抬升，从而也控制了台内滩的分布。川东南部发育的云质潟湖从展布特征看，主要受控于华蓥山断裂（Ⅰ1）南段（见图6-6）。

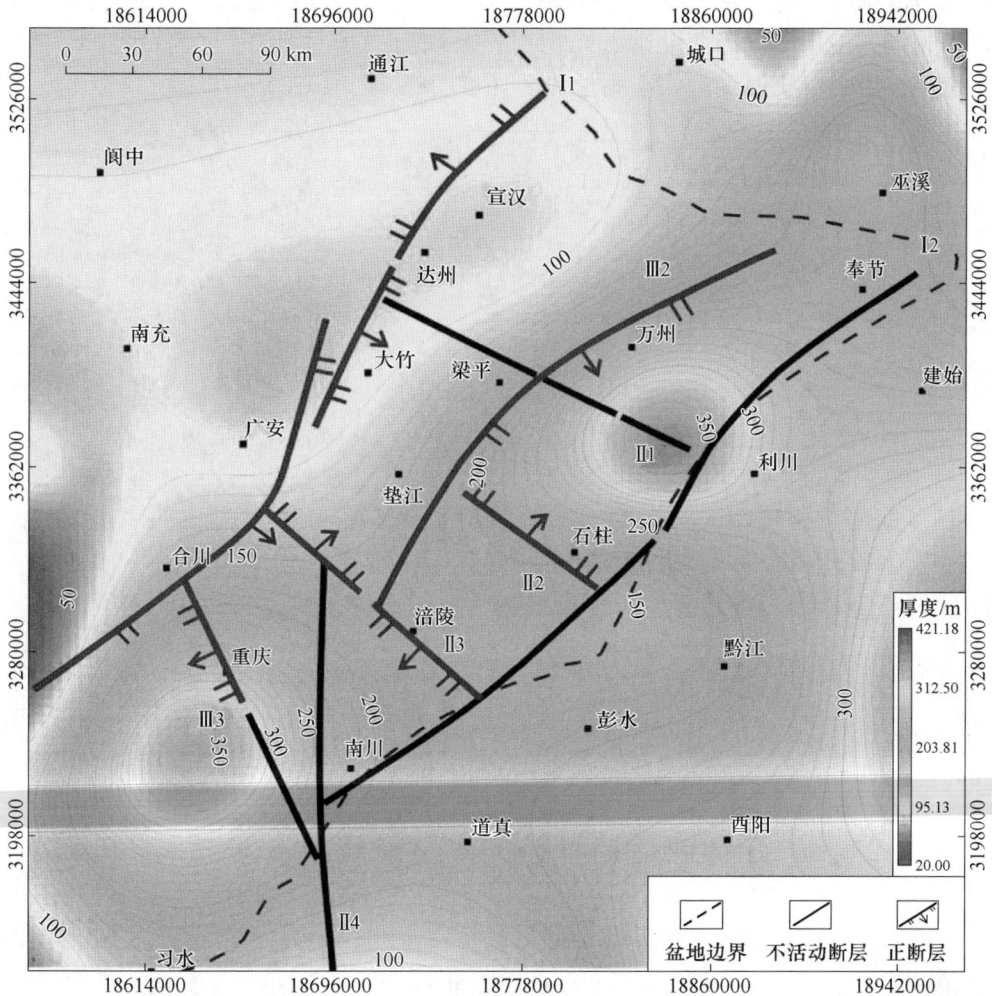

图6-5 川东及邻区下寒武统龙王庙组残余地层
厚度与活动基底断裂叠合图

图6-5 彩图

6.1.2.3 中—晚寒武世

中—晚寒武世，四川盆地进入加里东期演化阶段（刘树根 等，2016b），但盆地整体仍处于区域拉张动力学背景（何登发 等，2011），海盆持续扩张（李忠权 等，2014）。晚寒武纪末—奥陶纪初，加里东期早幕郁南运动波及四川盆地西缘、北缘和滇黔地区（张浩然 等，2020），上寒武统遭受剥蚀（陈宗清，2013）。

虽然中—上寒武统洗象池组仍为一套海相碳酸盐岩沉积（谷明峰 等，2020），但盆地的构造格局发生了明显的变化。受加里东期古隆起及海平面早期快速海侵和晚期缓慢海退（赵爱卫，2015）的影响，盆地整体呈现出西北高、东南低的构造-沉积格局，地层厚度为西北薄、东南厚，表现为"填平补齐"的特征，其中古地势低洼区的沉积厚度远大于高地势区（谷明峰 等，2020）。

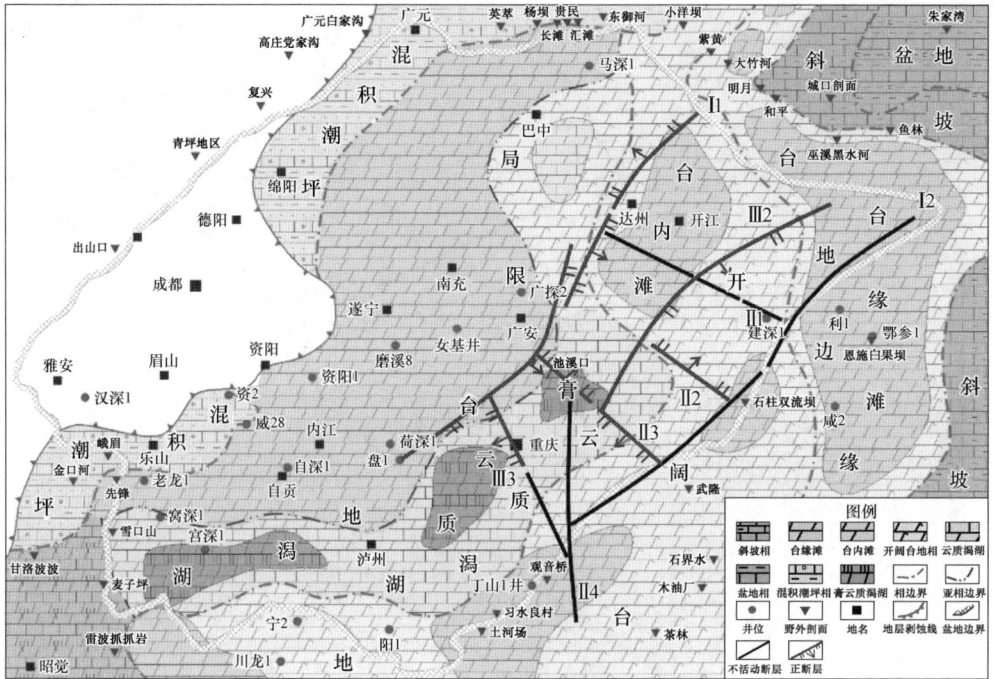

图 6-6　四川盆地寒武系龙王庙组岩相古地理与活动基底断裂叠合图
（底图据杨跃明 等，2016）

图 6-6 彩图

结合平衡剖面和中—上寒武统残余地层厚度图，本书认为双庙-罗田断裂（Ⅱ1）西段和邻水-涪陵断裂（Ⅱ3）北段、璧山-綦江断裂（Ⅲ3）北段在该时期不活动。多条走向北东、倾向南东的基底断裂活动，均表现为正断层，使川东地区整体呈北西—南东向的斜坡，其中北西高、南东低。乐山-龙女寺古隆起持续抬升，华蓥山断裂（Ⅰ1）控制了其东南边界。华蓥山断裂（Ⅰ1）北段北端的倾向由北西转变为南东，使宣汉-开江古隆起北西侧抬升，转变为斜坡。前锋-石柱断裂（Ⅱ2）南段和邻水-涪陵断裂（Ⅱ3）虽然持续活动，但对构造的控制作用变弱。齐岳山断裂（Ⅰ2）再次活动，石柱地区同样转变为斜坡，万州-利川凹陷被填平补齐。长寿-南川断裂（Ⅱ4）和璧山-綦江断裂（Ⅲ3）南段开始活动，重庆-南川凹陷从浑圆状转变为重庆-南川-道真一线的北西向凹陷，沉积厚度超过 1200 m，且延伸到盆地之外（见图 6-7）。

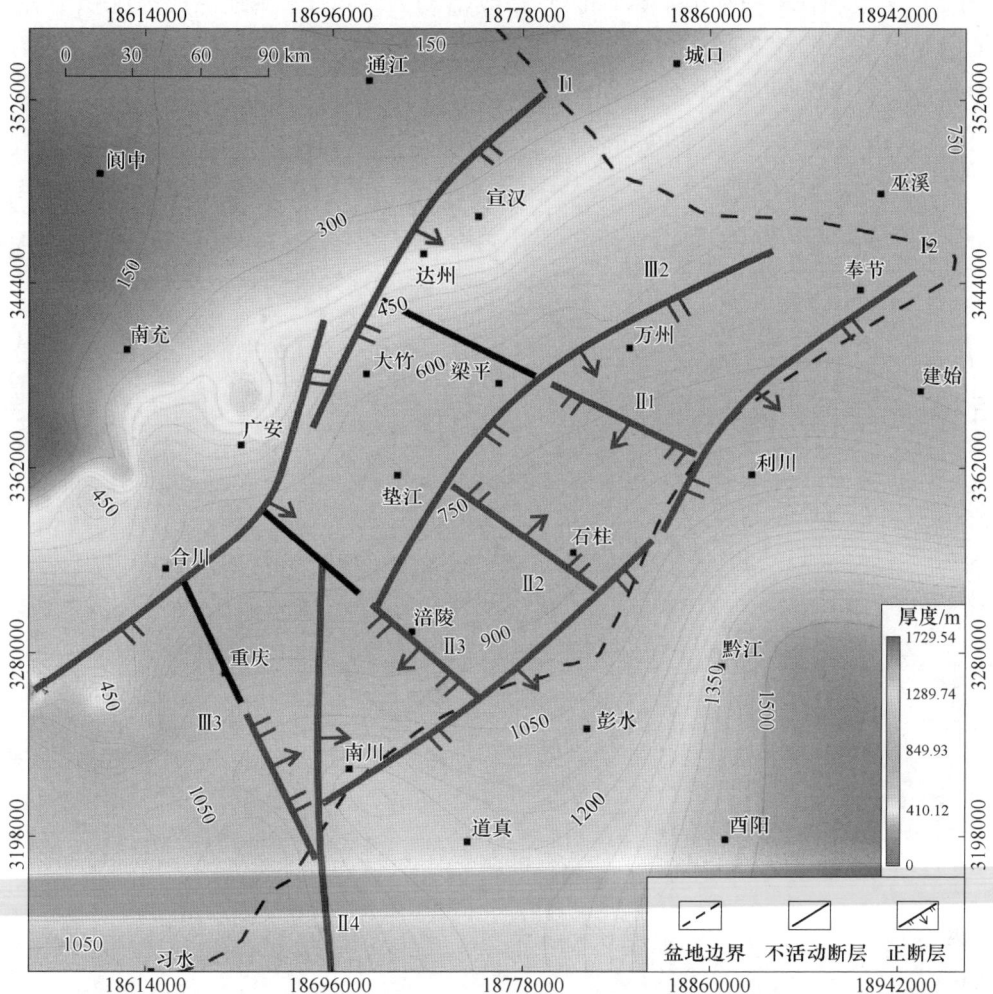

图 6-7　川东及邻区中—上寒武统残余地层厚度与活动基底断裂叠合图

图 6-7 彩图

6.1.2.4　奥陶纪

早—中奥陶世，扬子陆块区主体为进积性碳酸盐台地，周缘发育了拉张伸展构造背景下的被动大陆边缘或裂陷盆地，晚奥陶世，扬子西缘仍处于被动大陆边缘的拉张伸展状态（潘桂棠 等，2017）。因此，位于扬子西缘的四川盆地在奥陶纪处于拉张动力学背景，活动基底断裂均表现为正断层（见图 6-8）。

与中—晚寒武世相比，川东地区构造格局改变明显，从北西高、南东低转变为北东高、南西低，并且盆外凹陷向盆内迁移（见图 6-7 和图 6-8）。乐山-龙女寺古隆起仍为古高地，齐岳山断裂（Ⅰ2）南段控制其东南边界。齐岳山断裂

（Ⅰ2）南段和长寿-南川断裂（Ⅱ4）持续活动，南川-道真地区成为沉积中心，地层厚度最大约650 m。受涪陵-云阳断裂（Ⅲ2）的影响，垫江-石柱地区发育凹陷，沉积厚度约为540 m（见图6-8）。

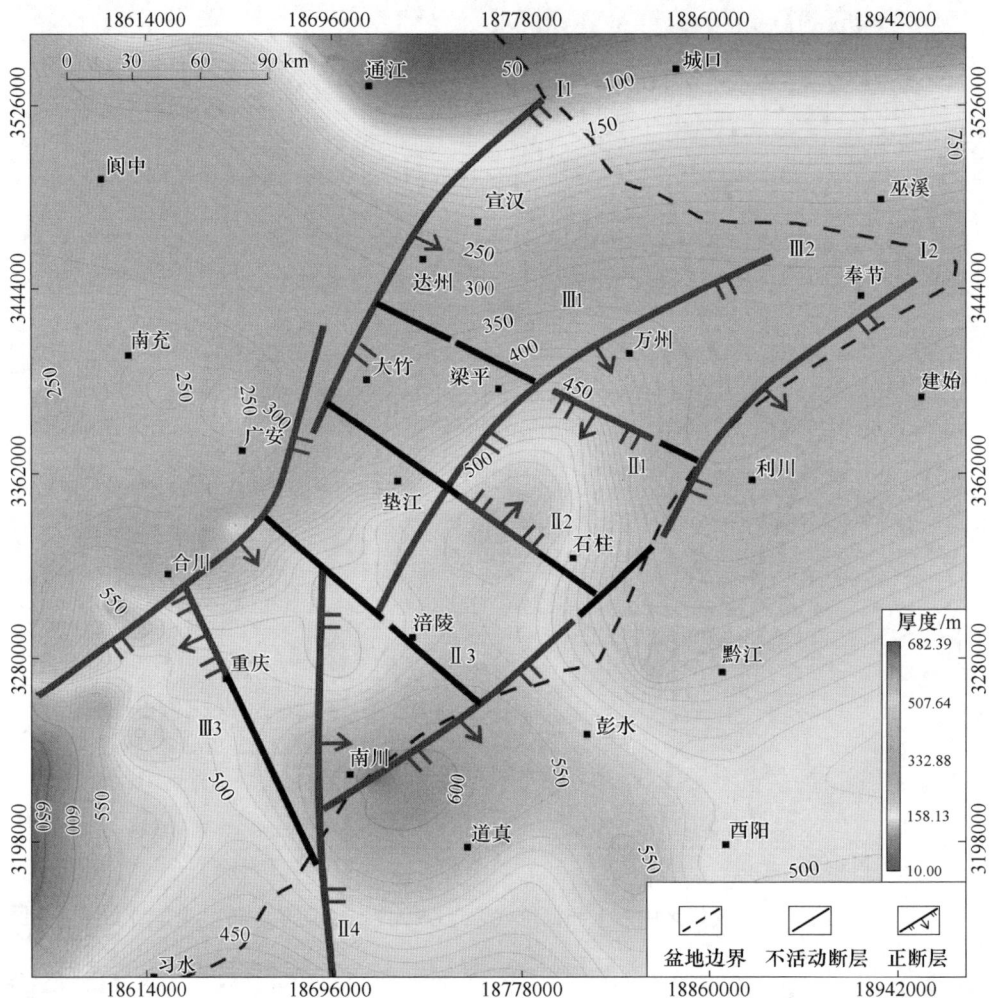

图6-8　川东及邻区奥陶系地层厚度与活动基底断裂叠合图

6.1.2.5　志留纪

志留纪末期，扬子板块与华夏地块群的武夷和云开等岛弧发生弧陆碰撞，塔里木-扬子板块与华北板块构成了统一的泛华夏大陆群。然而，扬子板块西缘总体仍处于被动大陆边缘，呈拉张伸展状态（潘桂棠 等，2016）。虽然在晚奥陶世—早泥盆世，随着原特提斯洋的关闭，华南地区形成了陆内造山带（Shu et al.，2021），但该构造事件所产生的挤压应力场不一定影响到位于扬子板块西缘的四川盆地。其中，乐山-龙女寺古隆起作为志留纪四川盆地内的大型古隆起，是最明显的构造响应。因此，本书通过拉平两条典型地震剖面的二叠系底部，寻找关键构造信息，分析志留纪乐山-龙女寺古隆起的性质，进而明确四川盆地的动力学背景。

L11 剖面为南西—北东向，位于四川盆地中部，穿过乐山-龙女寺古隆起和绵竹-长宁裂陷槽（见图 6-9（a））。拉平二叠系底部，寒武系-志留系在裂陷槽内

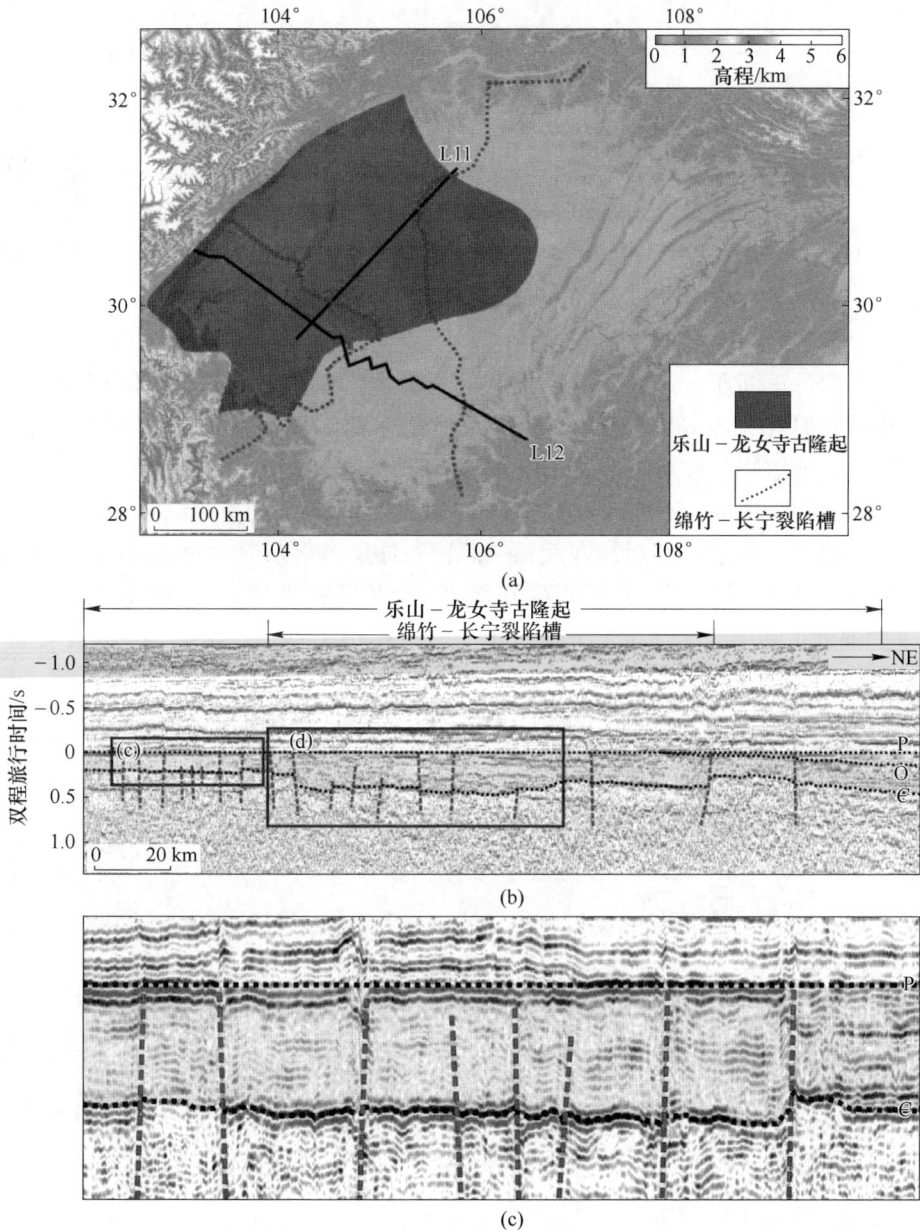

(a)

(b)

(c)

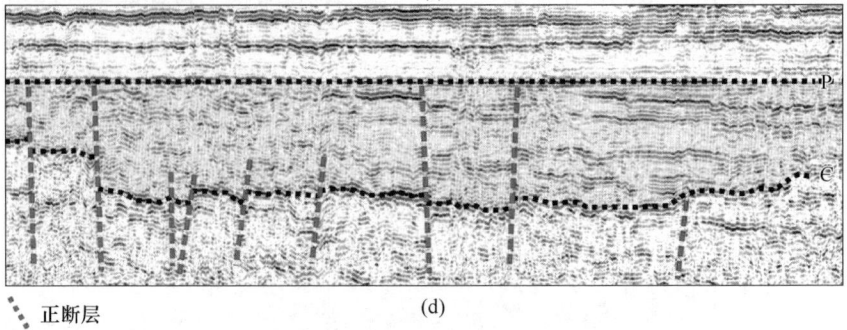

正断层　　　　　　　　　　　　　　　(d)

图 6-9　L11 剖面反映的寒武系—志留系构造现象
（a）地震测线、乐山-龙女寺古隆起和裂陷槽分布；（b）地震剖面拉平二叠
系底部；（c）裂陷槽内的张性构造；（d）裂陷槽南西侧的张性构造
（乐山-龙女寺古隆起范围据宋文海 等，1996；许海龙，2012；
梅庆华，2015；裂陷槽范围据 Liu et al.，2021）

图 6-9 彩图

最厚，裂陷槽西南侧寒武系和二叠系直接接触（见图 6-9（b））。寒武系—志留
系内发育大量正断层，还有正断层控制的小型地堑和地垒，部分正断层向上终止
于二叠系底部（见图 6-9（b）~（d））。裂陷槽南西端发育阶梯式正断层，这些正
断层控制了半地堑的发育（见图 6-9（d））。

　　L12 剖面为北西—南东向，穿过四川盆地南部，北西部分位于乐山-龙女寺
古隆起。拉平二叠系底部后，寒武系—志留系地层自南东向北西逐渐减薄。乐山-
龙女寺古隆起范围内发育有小型正断层、地堑和地垒（见图 6-10（c）和
（d）），部分正断层向上终止于二叠系底（见图 6-10（c））。这些乐山-龙女寺古隆

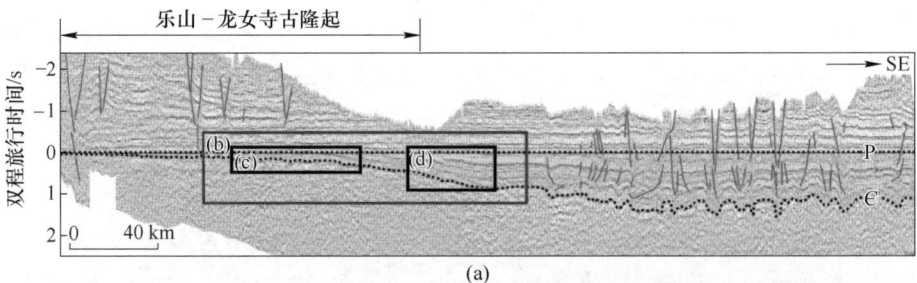

(a)

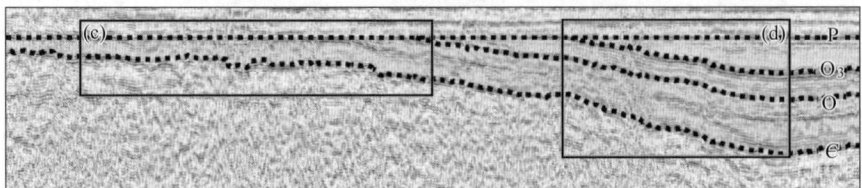

(b)

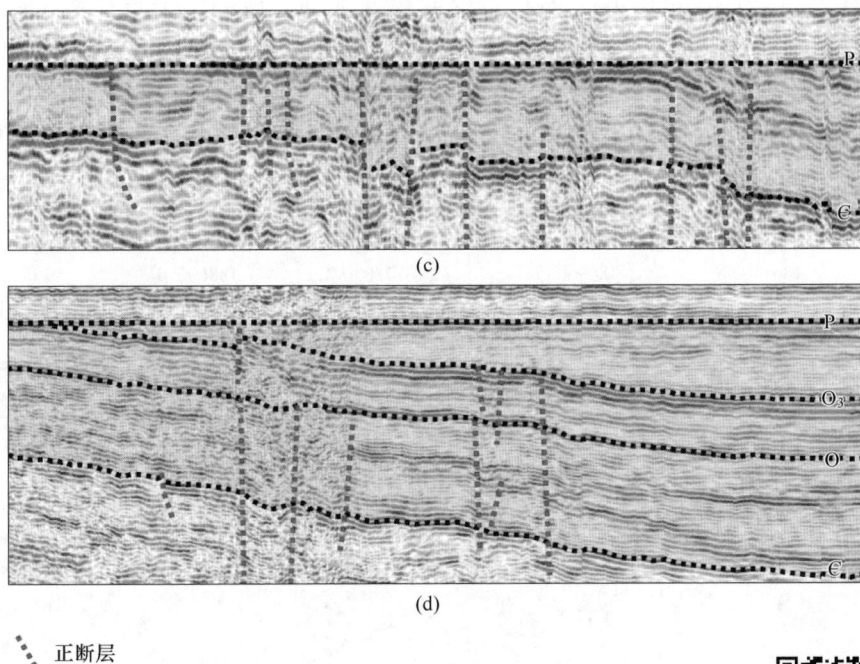

正断层

图 6-10 L12 剖面反映的寒武系—志留系构造现象（剖面位置见图 6-9（a））
（a）地震剖面拉平二叠系底部；（b）古隆起–斜坡区；
（c）古隆起区的张性构造；（d）斜坡区的张性构造

图 6-10 彩图

起区内发育的小型张性构造表明，此古隆起在寒武纪—石炭纪是一个大型张性构造。综上所述，四川盆地志留纪仍处于拉张动力学背景，且持续到二叠纪前。

从活动基底断裂的表现看，石柱地区齐岳山断裂（Ⅰ2）南段北端表现为逆断层，而川东其余基底断裂均为正断层，表明华南陆内挤压仅影响到川东东缘，而四盆地内部仍是拉张状态（见图 6-11）。与早—中奥陶世相比，平衡剖面显示晚奥陶世—石炭纪基底断裂的活动性增强（见图 5-2、图 5-4、图 5-6、图 5-8、图 5-12、图 5-14、图 5-16 和图 5-18）。钻井揭示川东地区上奥陶统和石炭系仅数十米厚，泥盆系大面积缺失。因此平衡剖面显示的上奥陶统—石炭系的残余地层厚度变化主要是志留系的。这表明川东地区从奥陶纪时期的弱拉张转变为强拉张。

从活动基底断裂展布和志留纪的构造特征看，活动基底断裂基本控制了川东此期的构造格局。乐山-龙女寺古隆起剧烈抬升并遭受剥蚀，广安以西地区缺失志留系，古隆起东南边界主要受控于华蓥山断裂（Ⅰ1）南段。在宣汉-开江断裂（Ⅲ1）和长寿-南川断裂（Ⅱ4）的影响下，宣汉-开江古隆起再次活动，从早寒武世龙王庙组沉积期的北东向转变为北西向，与乐山-龙女寺古隆起之间的鞍部受控于宣汉-开江断裂（Ⅲ1）和双庙-罗田断裂（Ⅱ1）西段。受齐岳山断裂（Ⅰ2）南段南端的影响，石柱古隆起再次活动，核部位于石柱南东侧，但与早寒武世相比古隆起范围缩小，核部残余厚度约为 800 m。齐岳山断裂（Ⅰ2）南段除北端外停止活动，南川-道真凹陷向北东迁移到涪陵-彭水地区，残余厚度约为 1250 m。双庙-罗田断裂（Ⅱ1）中段停止活动，而前锋-石柱断裂（Ⅱ2）持续活动，使垫江-石柱凹陷向北东迁移，万州地区成为新的凹陷中心，志留系残余厚度约为 1400 m（见图 6-11）。

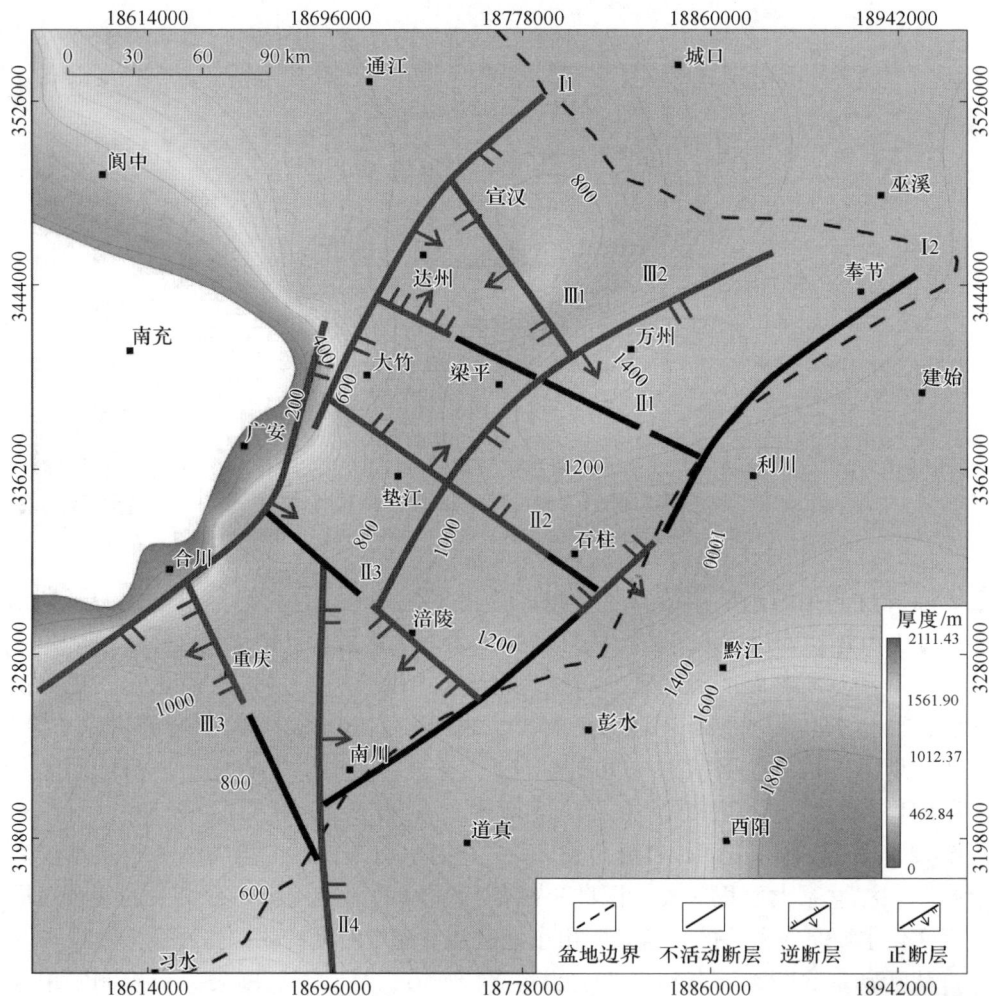

图 6-11   川东及邻区志留系残余地层厚度与活动基底断裂叠合图

6.1.2.6   泥盆纪—石炭纪

由于乐山-龙女寺古隆起持续隆升，其核部缺失泥盆系—石炭系（宋文海，

图 6-11 彩图

1996)。钻井揭示，仅在石柱向斜钻遇中泥盆统云台观组，与下伏志留系韩家店组呈平行不整合接触。石炭系在川东大部分地区有残留，平行不整合于中志留统韩家店组或中泥盆统云观台组之上，包括下石炭统河洲组和上石炭统黄龙组，其中河洲组的分布面积远小于黄龙组。发生于石炭纪末的云南运动使川东地区再次隆升为陆地，遭受剥蚀，形成了黄龙组顶部高低不平的古岩溶地貌和各种岩溶岩系（代龙 等，2015）。

平衡剖面分析显示，晚奥陶世—石炭纪期间，基底断裂的活动主要集中在志留纪。结合川东上石炭统黄龙组地层厚度的分布特征，本书认为石炭纪双庙-罗田断裂（Ⅱ1）、前锋-石柱断裂（Ⅱ2）、长寿-南川断裂（Ⅱ4）、涪陵-云阳断裂（Ⅲ2）中段和璧山-綦江断裂（Ⅲ3）不活动。黄龙组地层厚度受华蓥山断裂（Ⅰ1）和涪陵-云阳断裂（Ⅲ2）的控制明显，上盘明显增厚，大于60 m。此外，由于邻水-涪陵断裂（Ⅱ3）的影响，涪陵南西侧黄龙组缺失（见图6-12）。

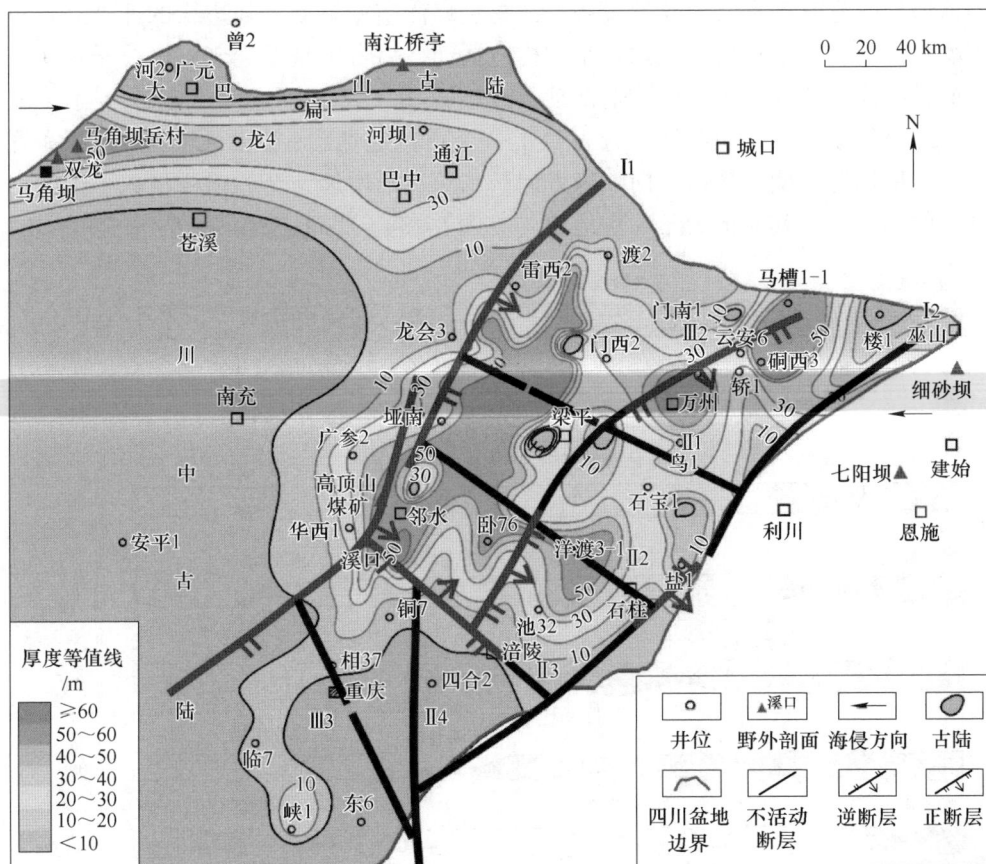

图 6-12　四川盆地上石炭统黄龙组地层厚度与活动基底断裂叠合图
（底图据代龙 等，2015）

图 6-12 彩图

6.1.2.7　早—中二叠世

二叠纪的拉张活动与全球二叠纪联合古陆裂解的构造背景有关（Rogers and Santosh，2004）。早二叠世时，中上扬子地区发育巨型碳酸盐缓坡，下扬子、右江、湘桂为裂陷盆地，扬子板块西缘发育陆缘裂谷盆地（潘桂棠 等，2017）。李四光于1931 年提出，二叠纪东吴运动是中国东南部古生代后期一次重要的构造运动（Li，1931）。此期扬子板块主要体现为区域性的地壳快速抬升和大规模玄武岩喷发（梁新权 等，2013）。茅口组沉积期末，受东吴运动的影响，四川盆地构造隆升（何斌 等，2005），盆地内茅口组大面积遭受剥蚀（江青春 等，2012）。前人研究发现，东吴运动并非单一的上升形式的造陆运动。四川盆地从泥盆纪到中三叠世发生的是强烈的拉张运动，并将之命名为"峨眉地裂运动"（罗志立，1989）。

从区域构造看，四川盆地二叠纪的构造演化，主要受两条线控制，一是峨眉山地幔柱的隆升和玄武岩喷发过程，二是勉略洋南缘被动大陆边缘的伸展裂解过程。前者是二叠纪短暂时间内发生的构造活动，后者则是发生于整个扬子板块北缘的具有长期性和继承性的构造活动。

二叠纪期间，四川盆地北缘发育了一个克拉通地台-被动大陆边缘-深海洋盆的大地构造环境，从地台向陆缘方向，水深逐渐增加，至勉略洋形成一个向西开口的小洋盆，其北侧为秦岭微地块（见图 6-13）。此时盆地北缘的构造动力学

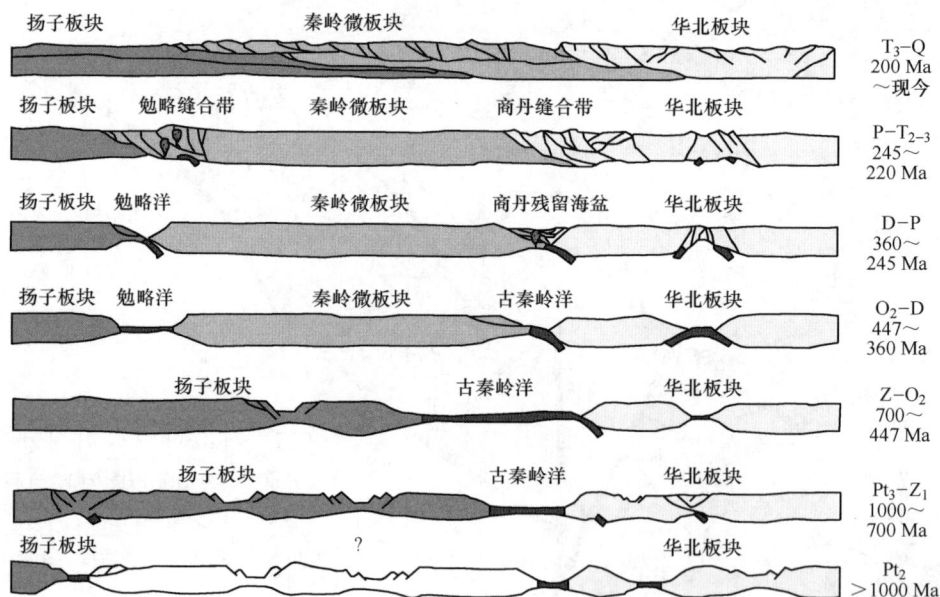

图 6-13　秦岭及邻区构造演化示意图

（据张国伟 等，2001；李洪奎，2020）

图 6-13 彩图

环境为南北向伸展的被动陆缘。峨眉山大火成岩省是二叠纪晚期地幔柱作用的产物（Chung and Jahn，1995；徐义刚和钟孙霖，2001；宋谢炎 等，2005；Xu and He，2007a），中心位于云南永仁一带（李宏博 等，2010；Li et al.，2015b）。在峨眉山玄武岩喷发之前，扬子板块西缘有过一次快速、公里级的穹状隆起（何斌 等，2006；Xu et al.，2007b；徐义刚 等，2007）。这种"幔隆作用"引起平面引张的结果就是可能产生环状和放射状断裂，川东地区与之相对应的环状和放射状断裂就是北西和北东向的活动基底断裂，这是二叠纪北西及北东向基底断裂活动的动力学机制之一。峨眉山玄武岩喷发标志着东吴运动的高峰。四川盆地多口钻井钻遇上二叠统岩浆岩，在川东达州-梁平地区，发育有侵入相的辉绿岩和喷发相的玄武岩（马新华 等，2019）。中二叠世末，成都-泸州一线西南侧和开江-梁平一带的高热流值区与峨眉山地幔柱隆升范围以及川东北部的局部玄武岩喷溢作用相关（见图6-14）。

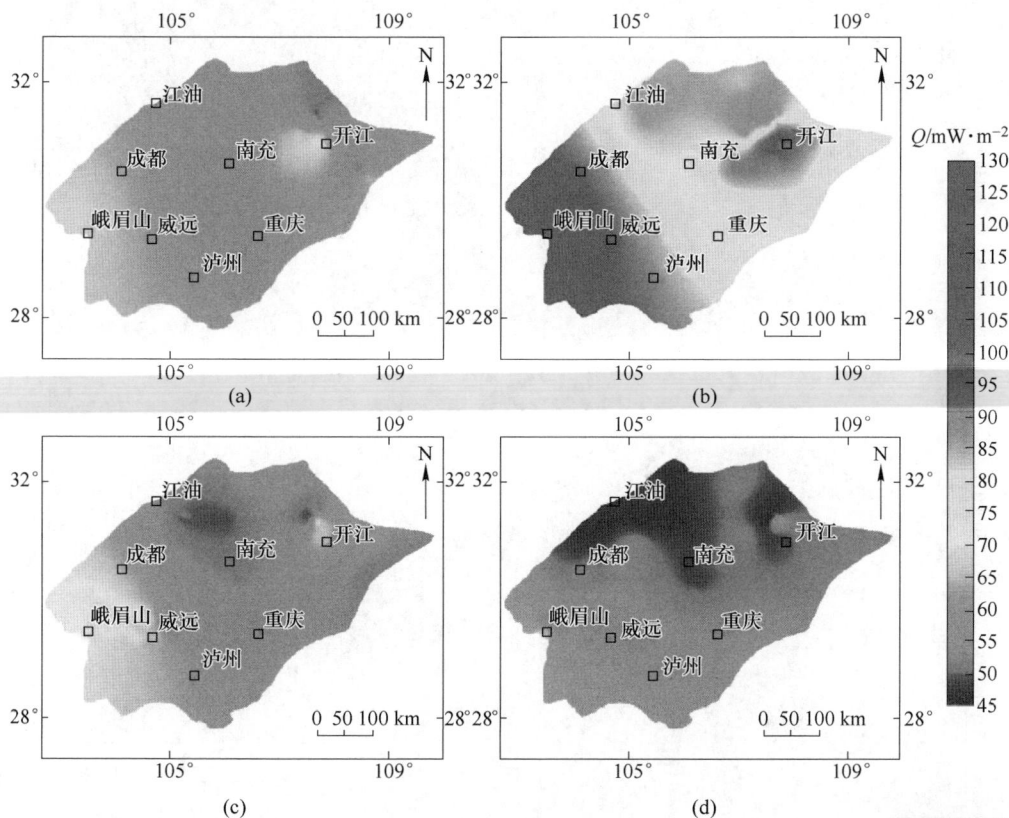

图 6-14 东吴运动前后时期四川盆地古热流分布图
(a) 290 Ma；(b) 259 Ma；(c) 240 Ma；(d) 220 Ma
（据朱传庆 等，2010）

图 6-14 彩图

　　综上所述，四川盆地在二叠纪处于北西向和北东向的拉张动力学背景下，川东地区北西向和北东向基底断裂活动，且都表现为正断层（见图 6-15 和图 6-16）。与石炭纪相比，早—中二叠世川东地区构造格局略有变化。在多条基底断裂的联合控制下，垫江-石柱地区发育凹陷，地层厚度约 470 m，向南东延伸，与彭水-黔江凹陷相接。石柱地区齐岳山断裂（Ⅰ2）反转，石柱古隆起仍存在，与志留纪相比，核部向北西方向略有迁移。受宣汉-开江断裂（Ⅲ1）和涪陵-云阳断裂（Ⅲ2）的影响，万州凹陷被填平，转变为隆起。璧山-綦江断裂（Ⅲ3）再次活动，使重庆西南侧发育一小型凹陷，残余地层厚度约 430 m。华蓥山断裂（Ⅰ1）南段中部停止活动，使隆起边界向南东方向迁移到重庆地区。

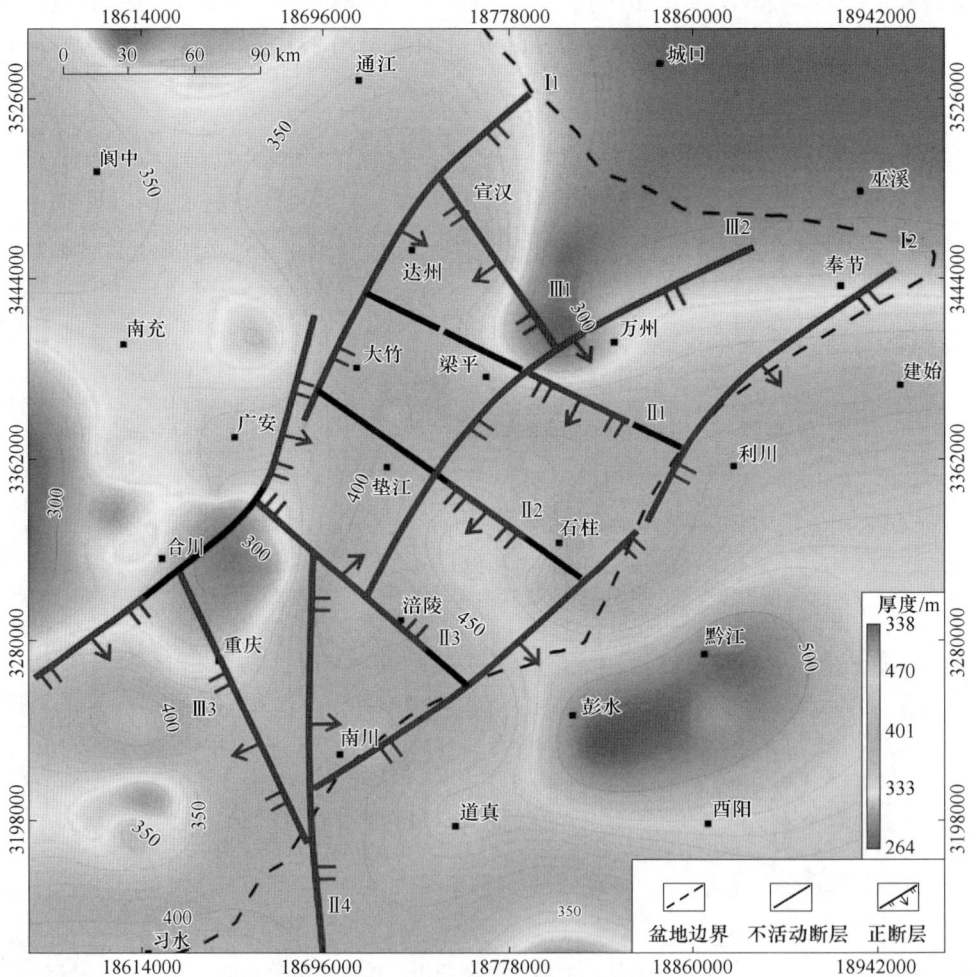

图 6-15　川东及邻区中—下二叠统残余
地层厚度与活动基底断裂叠合图

图 6-15 彩图

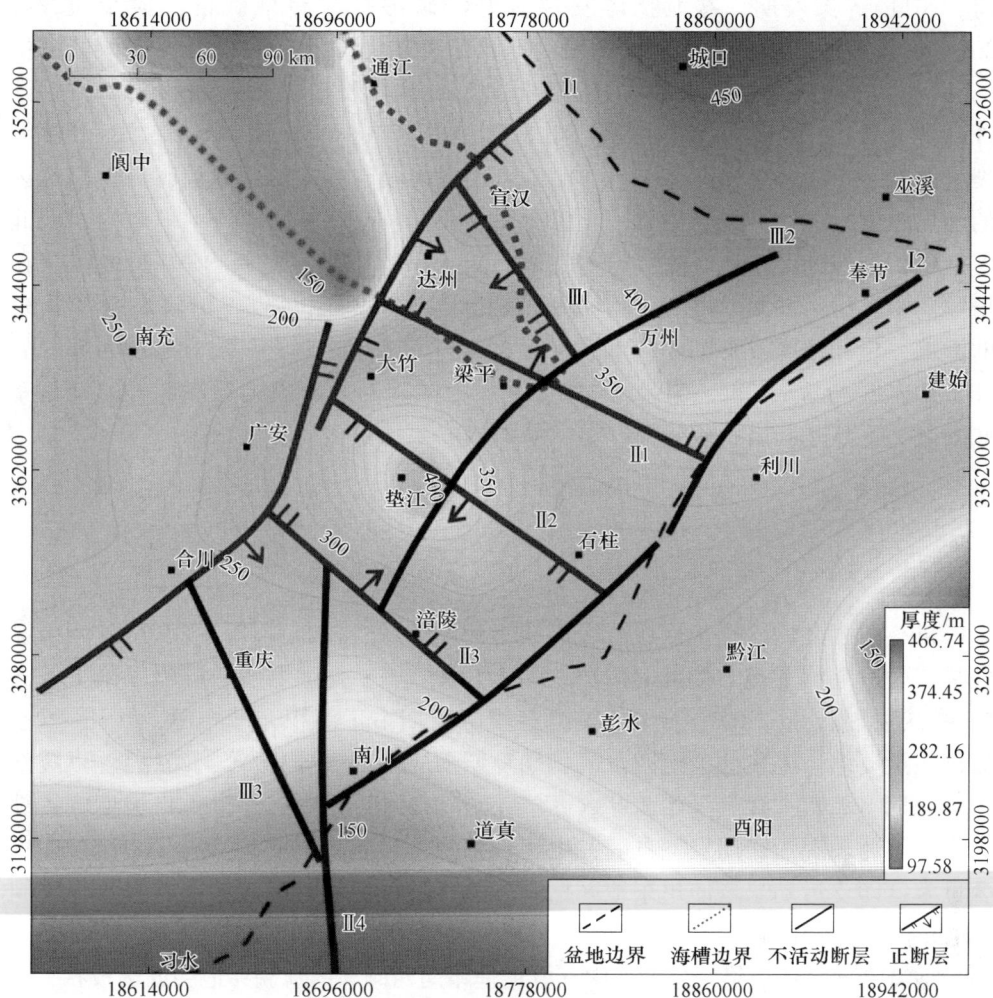

图 6-16　川东及邻区上二叠统地层厚度与开江–梁坪海槽
和活动基底断裂叠合图

（开江–梁平海槽边界据田景春 等，2018）

图 6-16 彩图

6.1.2.8　晚二叠世

前文已说明平衡剖面所反映的晚二叠世—中三叠世基底断裂活动特征主要与中三叠世有关。结合晚二叠世地层厚度图，本书认为，在晚二叠世期间，长寿–南川断裂（Ⅱ4）、涪陵–云阳断裂（Ⅲ2）和璧山–綦江断裂（Ⅲ3）南段不活动，双庙–罗田断裂（Ⅱ1）、前锋–石柱断裂（Ⅱ2）西段和东段活动，华蓥山断裂（Ⅰ1）倾向南东（见图6-16）。

晚二叠世时期四川盆地再次发生海侵，主要来自盆地东南部和北部（陈宗清，2011）。长兴期，盆地整体发育古海洋碳酸盐岩台地沉积（段金宝 等，2016）。在持续的拉张作用下，四川盆地北部发育北西向的开江-梁平碳酸盐海槽（王一刚 等，1998）。海槽地貌上属于低地形，从其展布看，主要受控于宣汉-开江断裂（Ⅲ1）和双庙-罗田断裂（Ⅱ1）。其内上二叠统减薄，因此宣汉-开江断裂（Ⅲ1）和双庙-罗田断裂（Ⅱ1）虽然表现为倾向相向的正断层，但达州地区的地层厚度减薄。此外，宣汉-开江断裂（Ⅲ1）向南东延伸到梁平地区，因此海槽也只延伸到梁平地区。双庙-罗田断裂（Ⅱ1）东段的活动使万州地区沉积增厚。受齐岳山断裂（Ⅰ2）、前锋-石柱断裂（Ⅱ2）和邻水-涪陵断裂（Ⅱ3）的影响，垫江地区发育凹陷，沉积厚度约 400 m。川东达州-梁平地区的辉绿岩和玄武岩（马新华 等，2019）的发育是因为活动基底断裂沟通深部，尤其是基底断裂交汇点基底岩石破碎更严重，易形成岩浆通道（见图 6-16）。

6.1.3 中生代

6.1.3.1 早—中三叠世

早—中三叠世，扬子板块西缘仍处于被动陆缘（潘桂棠 等，2017）。四川盆地早三叠世继承了晚二叠世的构造-沉积环境，早三叠世早期的沉积以填平补齐为主（何登发 等，2011）。飞仙关组三段沉积期由于沉积充填作用，开江-梁平海槽逐渐萎缩，至飞仙关组四段沉积期晚期彻底填平（李阳 等，2022）。嘉陵江组沉积期，泸州古隆起开始萌芽（黄涵宇 等，2019）。中三叠世雷口坡期的古地理格局整体表现为四周发育古陆，中间发育水下隆起（林良彪 等，2007）。中三叠世末，印支运动早幕使川东地区抬升剥蚀严重，泸州古隆起核部缺失雷口坡组（黄涵宇 等，2019）。

地震剖面显示，早二叠世—中三叠世呈略向西倾斜的地貌，地层近于板状，且没有发育大规模水平挤压作用下形成的褶皱与冲断构造，但发育小规模的正断层，表明四川盆地在早二叠世—中三叠世处于拉张状态（李洪奎 等，2020）。前人将雷口坡组顶部的低角度削截现象称为"拉张伸展角度不整合"（李忠权 等，1998）。从基底断裂活动特征看，川东地区北西向和北东向的活动基底断裂均表现为正断层，这也表明川东地区在中三叠世末仍处于拉张动力学背景（见图 6-17）。

从残余地层厚度和活动基底断裂展布的关系来看，基底断裂基本控制了川东中三叠世的构造格局。古隆起的西北边界受控于华蓥山断裂（Ⅰ1）。川东南地区泸州古隆起核部雷口坡组被完全剥蚀，从地层缺失范围看，主要受华蓥山断裂（Ⅰ1）活动的影响。邻水-涪陵断裂（Ⅱ3）和长寿-南川断裂（Ⅱ4）分别控制泸州古隆起北东和东边界。在多条基底断裂控制下，重庆地区雷口坡组缺失。开江古隆起主要受齐岳山断裂（Ⅰ2）北段、宣汉-开江断裂（Ⅲ1）和涪陵-云阳

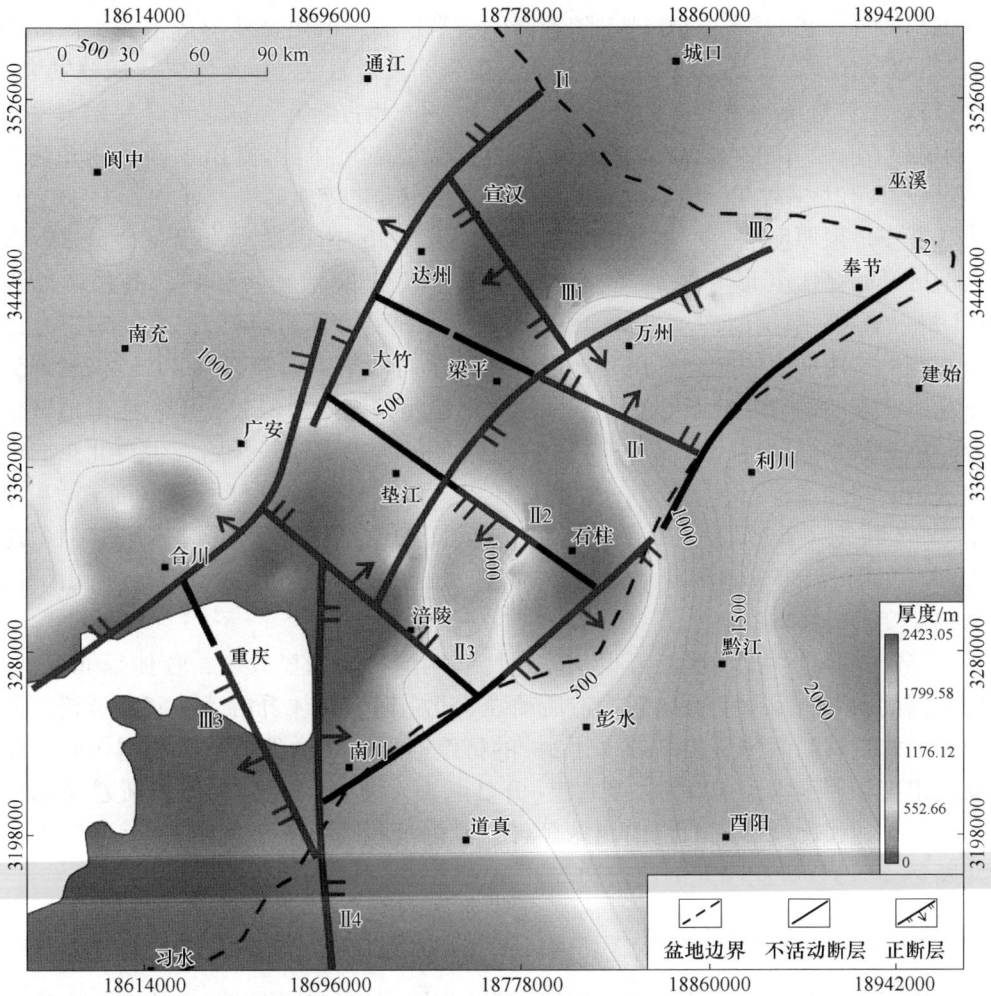

图 6-17 川东及邻区中三叠统残余地层厚度与活动基底断裂叠合图

断裂（Ⅲ2）活动的影响。石柱古隆起呈北西向的椭圆状，东南边界受控于齐岳山断裂（Ⅰ2），与开江古隆起之间的鞍部，受控于涪陵-云阳断裂（Ⅲ2）。受前锋-石柱断裂（Ⅱ2）、邻水-涪陵断裂（Ⅱ3）和涪陵-云阳断裂（Ⅲ2）的影响，涪陵北东侧发育凹陷，雷口坡组残余厚度大于 1000 m（见图 6-17）。

图 6-17 彩图

6.1.3.2　晚三叠世

晚三叠世，四川盆地仍处于拉张状态（李忠权 等，2014）。晚三叠世早期，川西地区发育残留海，须家河组一——三段为海陆交互相的西厚东薄的断陷盆地楔状沉积体（李忠权 等，2011）。随着西侧海水退去，四川盆地形成了一个内陆湖盆，须家河组四—六段以砂岩、粉砂岩、泥岩和页岩为主，并夹煤层（何登发 等，2011）。上三叠统须家河组的沉积覆盖了开江-泸州古隆起，标志古隆起结束发育（刘树根 等，2017）。三叠纪末，川西地区短暂抬升，局部露出水面，钻井资料显示成都-仪陇-通江一线以北，须家河组六段被剥蚀殆尽。

基于地层厚度图，本书认为齐岳山断裂（Ⅰ2）南段活动。晚三叠世末，鄂西地区开始挤压变形（张旭亮，2019）。从基底断裂活动特征看，齐岳山断裂（Ⅰ2）、长寿-南川断裂（Ⅱ4）和涪陵-云阳断裂（Ⅲ2）反转，表明来自盆地南东侧的挤压应力影响到了川东地区，但北东向的华蓥山断裂（Ⅰ1）仍表现为正断层，表明部分基底断裂活动和地层变形已将挤压应力释放，川东西部地区仍处于拉张状态。同样，虽然晚三叠世川东北侧的大巴山地区开始发生自北东向南西递进的挤压变形（罗良 等，2015），但北西向的宣汉-开江断裂（Ⅲ1）和璧山-綦江断裂（Ⅲ3）为正断层，表明来自大巴山的挤压应力并没有影响到盆地内部（见图6-18）。这种现象可能与挤压应力通过城口断裂的活动和大巴山地区的构造变形已释放有关。

与中三叠世相比，晚三叠世川东地区的构造格局明显改变，整体呈北西低、南东高的斜坡，反映北西向的构造活动强于北东向。整体看活动基底断裂仍控制川东的构造格局。华蓥山断裂（Ⅰ2）的持续活动使川中地区继续相对沉降，须家河组沉积厚度大于500 m。受宣汉-开江断裂（Ⅲ1）和双庙-罗田断裂（Ⅱ1）的影响，达州北西侧的凹陷向川东延伸，其内沉积略厚。在重庆地区，璧山-綦江断裂（Ⅲ3）控制隆起的西南边界（见图6-18）。

6.1.3.3　早—中侏罗世

侏罗纪，四川盆地开始进入伸展-聚敛旋回，这与新特提斯洋的演化密切相关。早—中侏罗世早期，四川盆地处于拉张动力学背景，接受广泛克拉通凹陷沉积。中侏罗世晚期，构造环境开始转变为挤压状态（何登发 等，2011）。

中—下侏罗统在川东地区分布广泛（见图2-2），因此本书在剥蚀量恢复的基础之上恢复了中—下侏罗统的原始沉积厚度，以分析早—中侏罗世基底断裂对盖层构造的影响。本书通过200余口钻井地层厚度和产状数据，结合地震剖面所反映的构造信息，采用地层厚度对比法结合构造趋势法恢复地层剥蚀量。基本原理是在地层构造解释的基础上，利用构造地质学基本原理，对比未受剥蚀影响而保留完整的地区的地层厚度，从而推测邻区遭受剥蚀地区的地层剥蚀量。

基于恢复的原始沉积厚度图和基底断裂展布，本书认为早—中侏罗世活动基底断裂包括华蓥山断裂（Ⅰ1）、双庙-罗田断裂（Ⅱ1）、前锋-石柱断裂（Ⅱ2）、

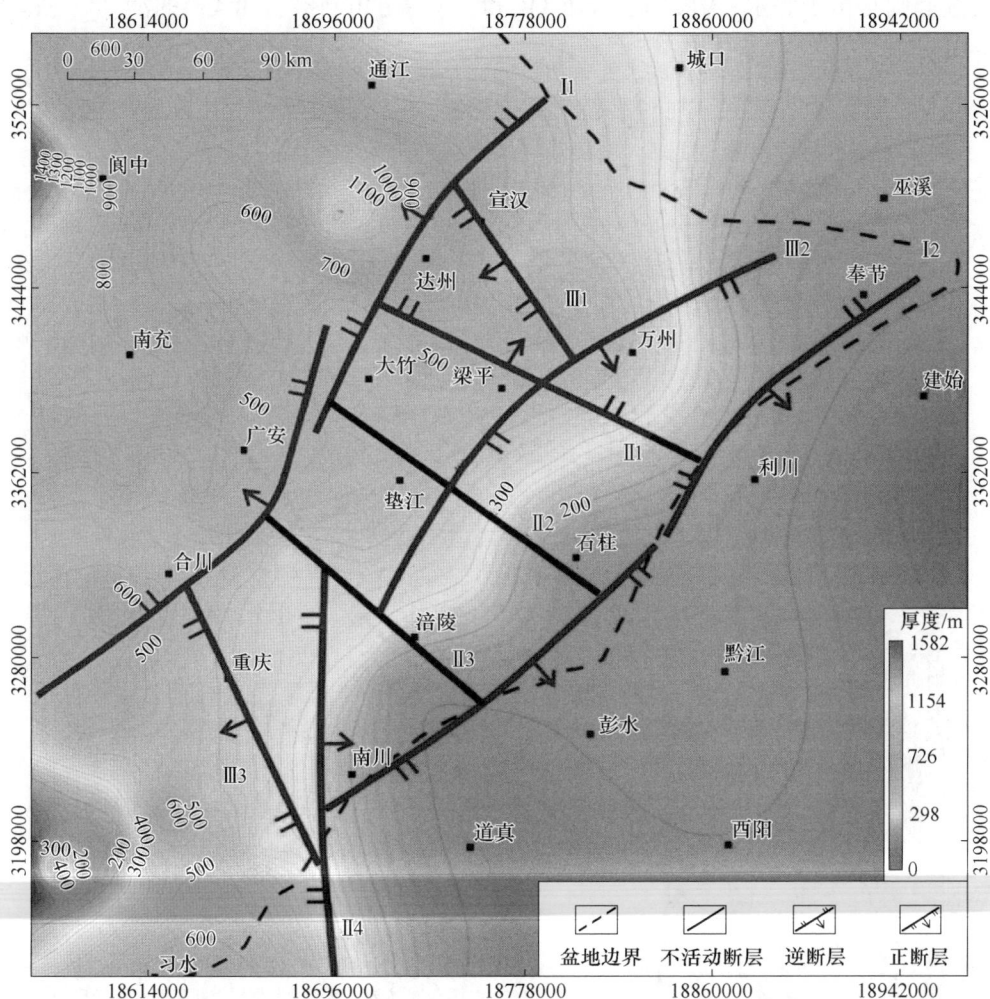

图 6-18 川东及邻区上三叠统地层厚度与活动基底断裂叠合图

图 6-18 彩图

邻水-涪陵断裂（Ⅱ3）、长寿-南川断裂（Ⅱ4）、宣汉-开江断裂（Ⅲ1）和璧山-綦江断裂（Ⅲ3）。早—中侏罗世川东经历了拉张-挤压的转变，因此活动基底断裂部分表现为正断层，部分表现为逆断层（见图 6-19）。

从恢复结果看，基底断裂对早—中侏罗世川东的构造格局也有明显的控制作用。在活动基底断裂控制下，川东沉积厚度明显大于川北、川中和川南，整体呈南西薄、北东厚的斜坡。垫江-梁平地区发育凹陷，沉积厚度约 3500 m，受控于华蓥山断裂（Ⅰ1）、双庙-罗田断裂（Ⅱ1）和前锋-石柱断裂（Ⅱ2）。受璧山-綦江断裂（Ⅲ3）的影响，重庆西南侧明显隆起，沉积厚度急剧减薄。南川地区的隆起则是由于邻水-涪陵断裂（Ⅱ3）和长寿-南川断裂（Ⅱ4）的活动（见图 6-19）。

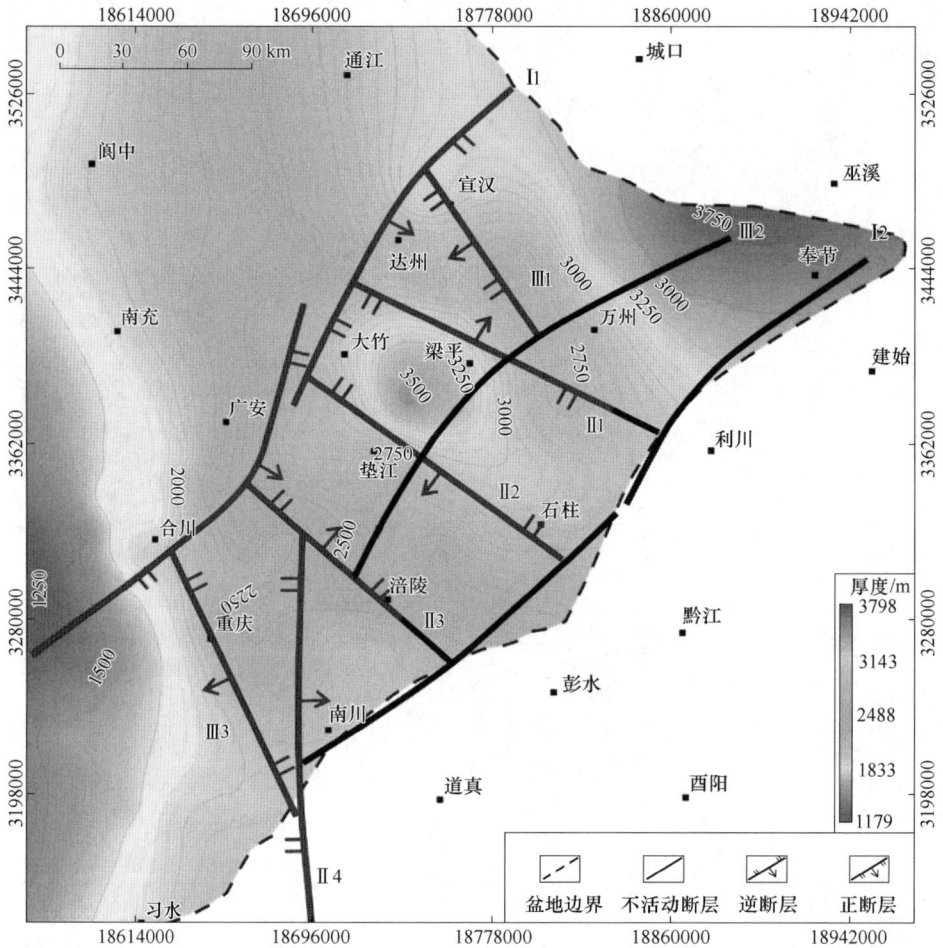

图 6-19   川东中—下侏罗统原始沉积厚度与活动基底断裂叠合图

上侏罗统残留于部分向斜中，而白垩系仅发育于川东东南部的綦江和北部的宣汉地区（见图 2-2），新生代第四系呈弥散分布，难以恢复其厚度，因此本书不单独分析晚侏罗世—新生代基底断裂活动对盖层构造的影响。

图 6-19 彩图

6.2   基底断裂对川东弧形构造的影响

晚侏罗世以来的长期挤压，形成了川东地区独具特色的构造样式。关于川东高陡构造的形成机制，前人已进行过大量研究，但多聚焦于川东隔挡式构造样式的形成机制（刘尚忠，1995；李忠权 等，2002；丁道桂 等，2005；吕宝凤和夏斌，2005；邹玉涛 等，2015；He et al.，2018），没有对川东高陡构造带整体呈向北西凸出的弧形这一特征进行深入的探讨。在基底断裂的作用方面，也仅从剖面上进行分析，提出背斜深部发育基底断裂，且基底断裂活动控制了盖层各个褶皱的发育，但在平面尺度上，基底断裂对弧形构造的贡献没有分析（李忠权 等，2002；邹玉涛 等，2015）。

四川盆地及周缘的中下地壳重力异常反映出川东基底在北东向呈三分性（见图 3-2）。航磁异常也显示石柱地区存在一高值正异常，向上延拓 10 km 仍存在（见图 3-3 和图 4-2），这是由基性岩浆侵入引起（见图 3-7）。三个基底块体以双庙–罗田断裂（Ⅱ1）和邻水–涪陵断裂（Ⅱ3）这两条北西向的基底断裂为界。盖层构造在基底断裂对应位置也有较明显的特征（见图 4-4）。以这两条基底断裂为界，可将川东构造带划分为北、中和南三个构造带。从地表构造看，中构造带与两侧变形差异明显，北构造带的褶皱轴线整体呈北东东向，中构造带为北东向，南构造带为北北东向。以褶皱核部出露的三叠系计算，中构造带褶皱多延伸约 110 km，而北和南构造带褶皱延伸约 70 km。值得注意的是，中构造带也是航磁高值异常和中下地壳重力高值异常区（见图 6-20）。这种深浅部结构的相似性揭示，川东现今构造展布很可能受到基底断裂的影响。

晚白垩世以来，川东地区的剥蚀量分布与基底断裂也有很好的匹配关系。川东地区的剥蚀量明显大于川北、川中和川南地区，应是受华蓥山断裂（Ⅰ1）和璧山–綦江断裂（Ⅲ3）的影响。川东东部存在一剥蚀量大于 4000 m 的高值区，邻水–涪陵断裂（Ⅱ3）和涪陵–云阳断裂（Ⅲ2）位于其边界位置。川东北宣汉地区的低值区被双庙–罗田断裂（Ⅱ1）和宣汉–开江断裂（Ⅲ1）所限（见图 6-21）。

就现阶段的认识而言，整个研究区的变形都主要是在北西—南东向的挤压应力作用下实现的（刘尚忠，1995；李忠权 等，2002；丁道桂 等，2005；吕宝凤和夏斌，2005；邹玉涛 等，2015；He et al.，2018）。中部相对刚性的基底断块发生构造变位，向北西移动。两侧相对较软弱的基底断块发生构造变形，抵消部分作用力，使构造变位相对较弱，向北西位移较小。同时，双庙–罗田断裂（Ⅱ1）和邻水–涪陵断裂（Ⅱ3）发生走滑活动。因此形成了现今弧形展布的构造特征（见图 6-22）。

地腹自下而上发育四套主滑脱层：基底拆离层、中—下寒武统滑脱层、志留系滑脱层、中—下三叠统滑脱层（丁道桂 等，2005；胡建平 等，2005；金之钧 等，

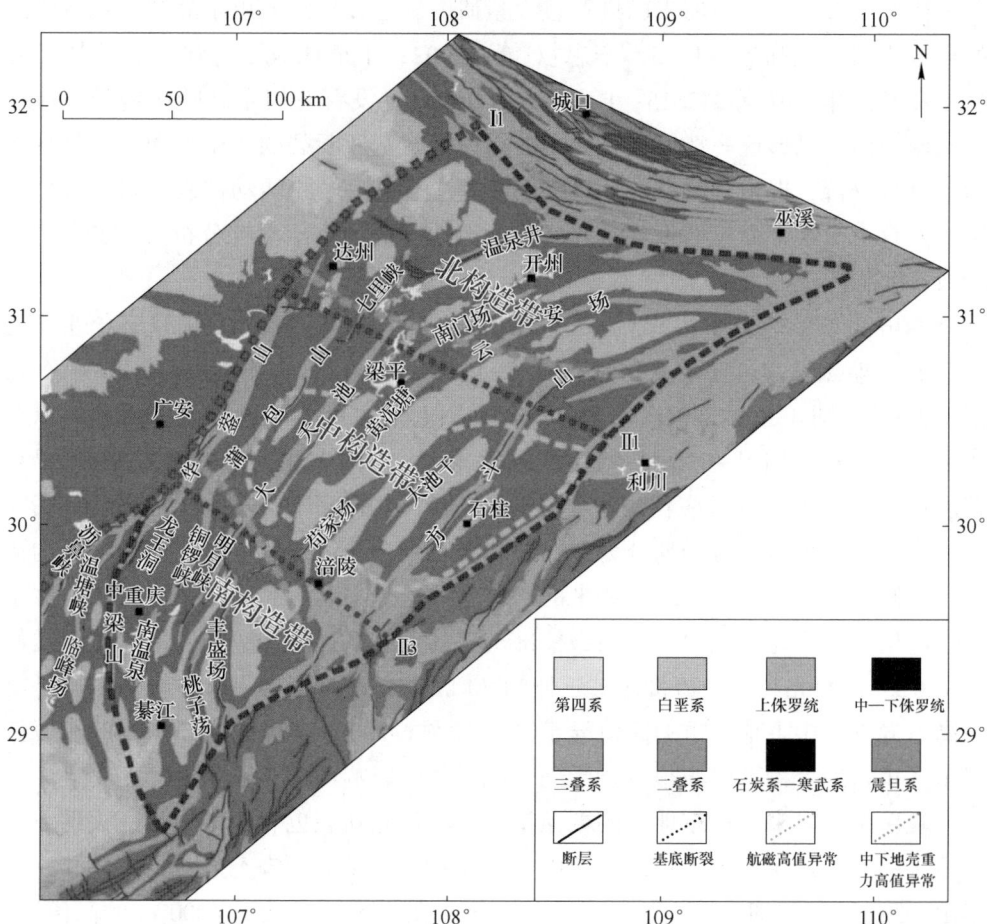

图 6-20　川东地质图与基底断裂、航磁高值异常和中下地壳重力
高值异常叠合图

（航磁高值异常据谷志东和汪泽成，2014；
中下地壳重力高值异常据熊小松 等，2015）

图 6-20 彩图

2006；丁道柱 等，2007；王淑丽 等，2012；张小琼 等，2013；Dong et al.，
2015；张小琼 等，2015；梅庆华，2015；邹玉涛 等，2015；徐安娜 等，
2016；关圣浩，2017；Liu et al.，2021），其中，基底拆离层使川东盖层与基
底处于弱耦合状态，因此基底断裂即使有走滑活动，在地表也没有发育走滑断
层。越过两条基底断裂，褶皱轴线偏转，即是基底断裂走滑的响应（见
图 6-20）。

　　构造物理模拟是盆地构造研究的主要正演手段之一，因此下文采用此方法验
证基底断裂对川东弧形构造的影响。

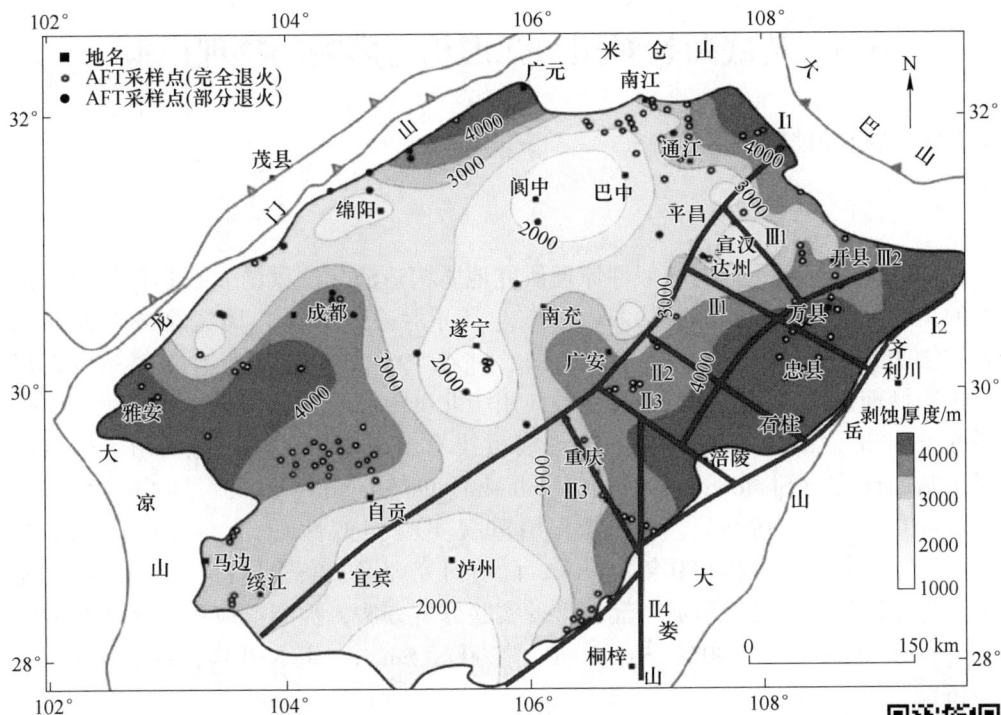

图 6-21 四川盆地晚白垩世以来剥蚀量与基底断裂叠合图
（底图据邓宾，2013）

图 6-21 彩图

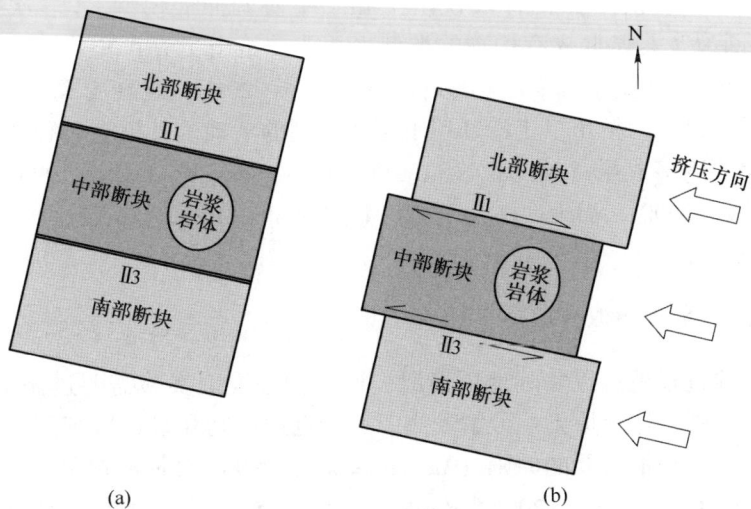

图 6-22 川东基底活动模式图
（a）挤压变形前；（b）挤压变形后

6.3　基底断裂对川东弧形构造影响的物理模拟

6.3.1　构造物理模拟简介

6.3.1.1　研究进展

构造物理模拟是依据相似性原理研究地质构造演化过程的岩石物理与力学性质的实验方法（Khalil and Mcclay，2002；周永胜 等，2002；周建勋 等，2003）。此方法萌芽于 19 世纪初（Hall，1815），并在 1984 年诞生了世界上第一台正规的构造物理模拟实验装置，该装置被应用于北美阿巴拉契亚山脉形成演化的模拟研究（Willis，1984）。20 世纪，物理模拟技术迅速发展，被大量应用于构造形成机制的研究（Sheldon，1912；Chamberlin and Shepard，1923；McClay，1990；Vendeville et al.，1995），研究者开始重视实验相似性理论（Hubbert，1937；Dobrin，1941）。20 世纪 80 年代以来，随着研究理论、实验材料和实验仪器的完善，构造物理模拟已经形成一套完整的实验分析方法，被广泛应用于盆地构造研究（Gartrell et al.，2005；Sun et al.，2009；Sun et al.，2014；Ferrer et al.，2016）。

近年来，基底断裂的物理模拟研究受到学者的广泛关注，国内学者开展了大量相关研究（马宝军 等，2005；孙珍 等，2005；王伟锋 等，2017；肖阳 等，2017；张佳星 等，2018；董敏 等，2019）。基于物理模拟实验结果，学者们提出基底先存构造发育的"斜向伸展模型"和"不协调伸展模型"，多次撰文指出"基底先存断裂"是基底先存构造的类型之一，并给出了先存构造活动性的力学评判参数（FAS）（童亨茂 等，2009；童亨茂 等，2010；童亨茂 等，2011）。国际上也涌现了拉张、挤压、走滑环境下基底断裂的活动及其反转过程如何影响盖层构造演化的诸多成果（Nalpas et al.，1993；Vendeville et al.，1995；Withjack and Callaway，2000；Morley et al.，2004；Bellahsen and Daniel，2005；Gomes et al.，2019）。

6.3.1.2　实验相似性理论

为使实验过程更接近实际地质情况，构造物理模拟实验需要遵循众多原则，包括相似性原则、选择原则、分解原则、逐步近似原则和统计原则等，其中相似性原则是最基本和最重要的原则（Mcclay et al.，1998；Bonini et al.，2000；Wei et al.，2006；Geng et al.，2007；Rosaset al.，2015）。实验相似性原则包含多种指标：材料相似、几何相似、边界相似、时间相似和构造应力相似等。材料相似是指实验材料的力学性质与天然地质体的力学性质相似；几何相似是指建立的模型尺寸与研究区的大小和地层厚度等相似；边界相似是指模型的边界条件应符合实际区域地质背景和构造演化过程；时间相似是指实验模拟时间与研究区的实际变形时间相似；构造应力相似是指在实验过程中的应力条件与实际动力学环境一致。

6.3.1.3 实验仪器

本次实验在成都理工大学自然资源部构造成矿成藏重点实验室进行。实验室的构造物理模拟仪器装置主要由计算机、电源模块、通用操作台、砂箱模拟装置和供液系统等组成（见图 6-23）。砂箱模拟装置形状为立方体，长 90 cm、宽 30 cm、高 50 cm，在实验过程中主要通过计算机来控制电动缸的运行方向及速率。该实验装置电动缸的移动速率范围为 0.001～0.1 mm/s，最大移动量为 50 cm。

图 6-23 构造物理模拟实验装置

6.3.2 实验模型设置

本次实验是在前文深浅部地质特征分析的基础上，验证双庙-罗田断裂（Ⅱ1）和邻水-涪陵断裂（Ⅱ3）对川东高陡构造带弧形轮廓的形成是否有影响。本书基于川东基底结构、地层数据和构造物理模拟基本原则设计了实验模型（见图 6-24）。

川东构造带南东—北西向宽约 150 km，南西—北东向长约 300 km。双庙-罗田断裂（Ⅱ1）和邻水-涪陵断裂（Ⅱ3）长约 135 km，间隔约 100 km（见图 6-20）。本书最终将模型设置为宽 15 cm、长 30 cm 的长方体，考虑到挤压变形缩短，将模型宽度增加至 20 cm。模型中基底断裂设置长 13.5 cm，间隔 10 cm。根据石柱地区的高值磁异常面积（约 450 km²），本书将基底岩浆岩体设置为宽 3 cm、长

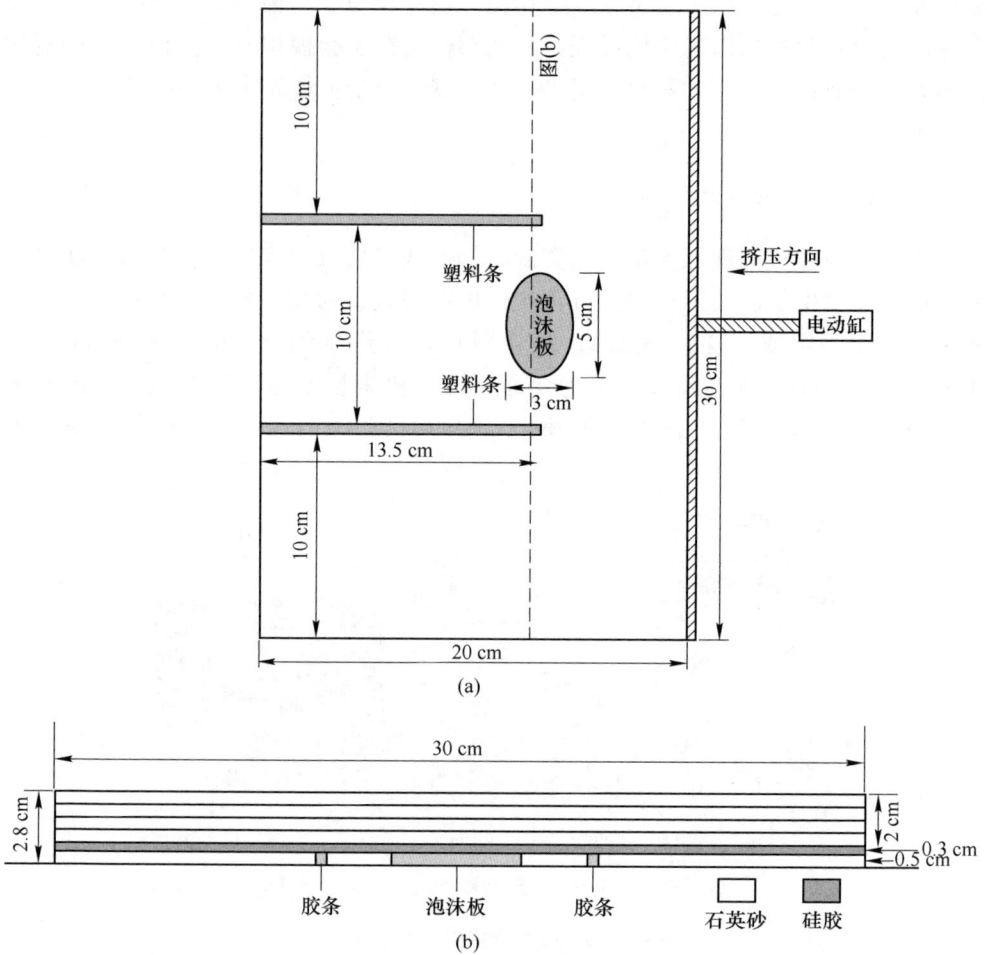

图 6-24 川东地区构造物理模拟实验模型
（a）模型俯视图；（b）模型剖面图

5 cm 的椭圆形。由于在挤压过程中岩浆岩体会向北西迁移，因此将其在相对现实中的位置向右侧移动 3 cm（见图 6-24（a））。地震剖面和钻井资料揭示，盖层厚约 8 km，实验设定模拟的盖层地层总厚度为 4 cm，基底总厚度为 0.8 cm（见图 6-24（b））。原本模型中除移动电动缸一侧外，其余三侧（现实中的北东侧、北西侧和南西侧）应为开放边界，但考虑到挤压过程中导致的砂子运动与遗漏问题，在此三侧增加了三块固定挡板以防止漏砂。这三块挡板的设置对实验的最终结果并不会产生太大的影响，因为在挤压的过程中，变形主要集中在活动挡板一侧。根据几何相似比计算：实际距离 300 km 对应模拟实验中的 30 cm，可知几何相似比（横向）= 30 cm÷300 km = 1×10^{-6}。而研究区的沉积地层总厚度约为 8 km，对应模型中的 4 cm，因此几何相似比（纵向）= 4 cm÷8 km＝5×10⁻⁶。

基于相似性原则，实验材料应尽可能选取与自然界岩石属性相近的物质。本书用到的地层模拟材料有石英砂和硅胶。结合前人经验，实验材料选取粒径为 200~400 μm 的松散石英砂，通过分析对比，干燥松散石英砂的变形遵循莫尔-库仑破坏准则，破裂内摩擦角为 30°~35°，非常接近地壳浅部沉积岩层的脆性变形行为（Krantz，1991；Dubois et al.，2002）。因此，本实验采用石英砂用来模拟刚性岩层，并使用不同颜色的石英砂对不同的刚性岩层加以区分（除颜色外其他物理性质均保持一致）。用无色透明硅胶来模拟软弱岩层，所采用的硅胶符合牛顿黏度定律（McClay et al.，1990），与软弱岩层的物理性质相似。实验材料的具体参数见表 6-1。前人采用细小聚苯塑料条模拟基底断裂，取得了良好的效果（李伟 等，2015），因此本书同样采用细小聚苯塑料条模拟基底断裂，基底岩浆岩体采用泡沫板模拟（见图 6-24（a））。实验采用单侧持续挤压，以模拟现实中来自盆地东南侧南东—北西向的挤压。实验设定挤压量为 5 cm，挤压速度为 0.02 mm/s，拍照间隔为 15 s/张。

表 6-1　实验材料物理性质表

材料名称	密度 /g·cm⁻³	粒径 /mm	黏度 /Pa·s	内摩擦角 /(°)	内摩擦系数
石英砂	1.297	0.2~0.4	—	31	0.55
硅胶	0.926	—	8.5×10³	—	—

6.3.3　实验过程

图 6-25 和图 6-26 展示的是模型的整体模拟过程，以下就各个阶段进行详解：

（1）$d=0$ cm 时（d 为挤压量）：初始模型铺设完成，未开始挤压（见图 6-25（a）和图 6-26（a））。

（2）$d=1$ cm 时：在左侧活动挡板的挤压下，初始水平的石英砂层开始变形，靠近挡板一侧发育一条近平行于挡板的逆断层（F1）（见图 6-25（b）和图 6-26（b））。

（3）$d=2$ cm 时：继续挤压，发育三条新的逆断层。F2 位于基底塑料条右侧延伸处，并汇聚到 F1；F4 越过基底塑料条走向发生急剧变化，最终也汇聚到 F1；F3 是汇聚到 F2 的小断层（见图 6-25（c）和图 6-26（c））。

（4）$d=3$ cm 时：随着挤压的不断进行，F1 前方两条基底塑料条间出现弧形的 F5；F5 的两端走向趋向于平行塑料条，一端在塑料条处汇聚到 F4，另一端消亡在石英砂层中；F5 和 F1 之间是一个无变形的区域（见图 6-25（d）和图 6-26（d））。

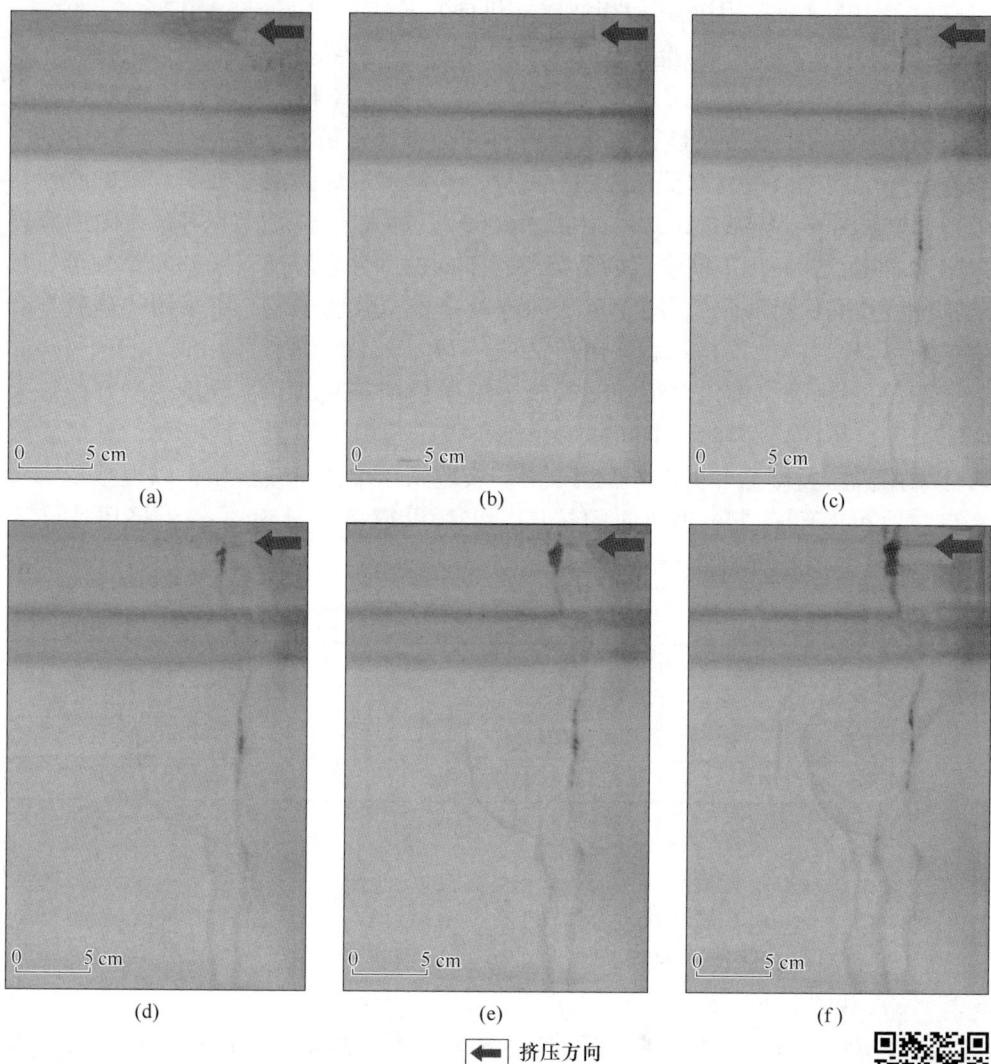

图 6-25　模型实验过程平面图

（a）$d=0$ cm；（b）$d=1$ cm；（c）$d=2$ cm；
（d）$d=3$ cm；（e）$d=4$ cm；（f）$d=5$ cm

图 6-25 彩图

（5）$d=4$ cm 时：断层数量没有增加，仅 F5 早期消亡端继续生长，越过塑料条走向趋向于平行 F2，最终汇聚到 F2；其余断层无明显变化，F5 和 F1 之间的无变形区域仍没有发育褶皱或断层（见图 6-25（e）和图 6-26（e））。

（6）$d=5$ cm 时：挤压到最终设定值，F5 前端发育 F7，与 F5 相似，同样逐渐趋向平行于基底塑料条；塑料条两侧发育两条新的逆断层（F6 和 F8），最终汇聚到 F5；F6 靠近塑料走向逐渐偏转；挤压完成后切开模型，发现 F5 和 F1 之间的无变形区域之下即是基底泡沫板（见图 6-25（f）和图 6-26（f））。

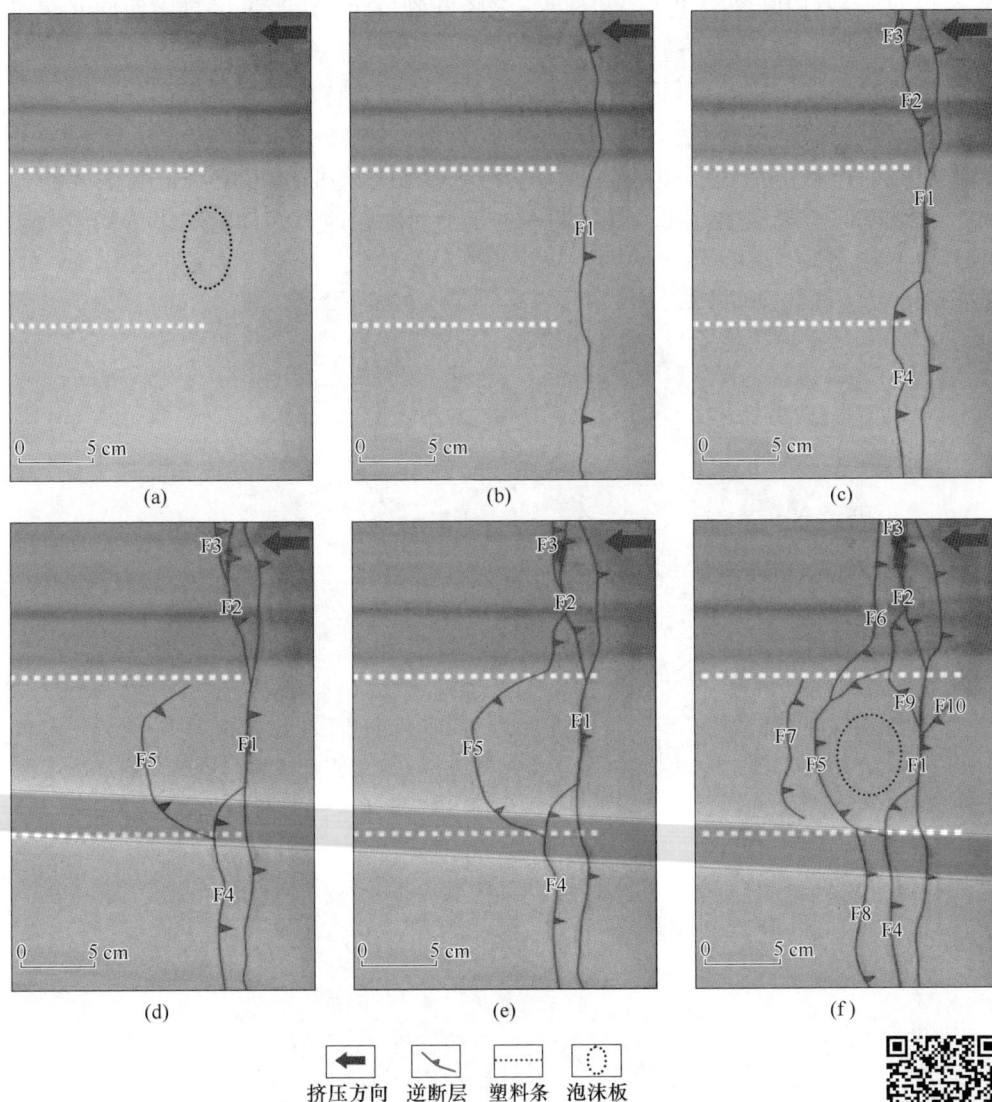

图 6-26 模型实验过程平面解释图

（a）$d=0$ cm；（b）$d=1$ cm；（c）$d=2$ cm；
（d）$d=3$ cm；（e）$d=4$ cm；（f）$d=5$ cm

图 6-26 彩图

6.3.4 实验结果分析

实验完成后，将实验结果与川东地表构造进行对比，以分析基底结构对川东现今构造样式的影响。整体来看，实验结果与川东地表构造的契合度较高（见图 6-27）。

（1）基底断裂对川东现今构造形成的影响：川东构造带呈北西向凸出的弧形，以双庙-罗田断裂（Ⅱ1）和邻水-涪陵断裂（Ⅱ3）为界，自南西向北东可划分为三个构造带：南构造带、中构造带和北构造带。越过基底断裂时褶皱轴线发生系统性偏转。实验结果同样显示出仅弧形的构造特征，并呈现出三分性，靠近塑料条模拟的基底断裂，断层走向明显变化，如 F5、F6 和 F7（见图 6-27）。由此可见，这两条基底断裂的确对川东构造带弧形特征的形成有重要的控制作用。由于基底滑脱层的存在，基底断裂的走滑活动在地表的构造响应为褶皱轴线的系统偏转。

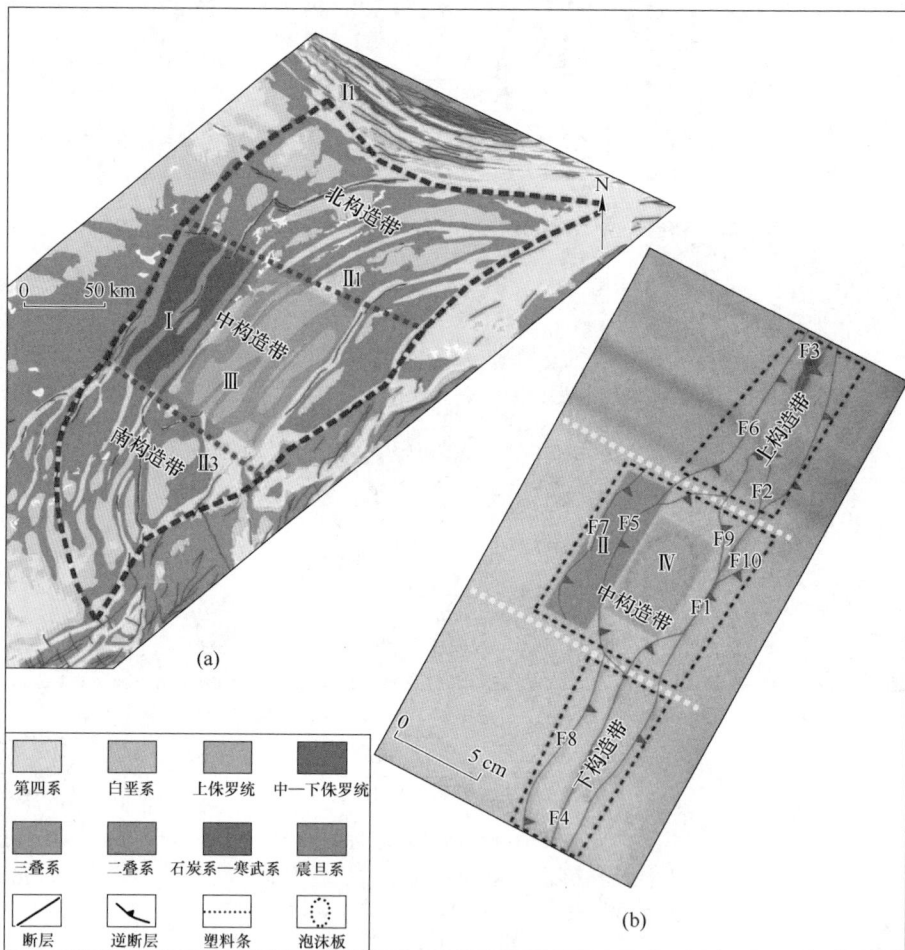

图 6-27　构造物理模拟结果与川东地表构造对比

（2）基底断块对川东现今构造形成的影响：中构造带北西部（Ⅰ）发育三个排列相对紧密的背斜，与之相对应，实验模型中同样

图 6-27 彩图

有一个发育两条排列紧密的断层的区域（Ⅱ）。实验结果中的无变形区域
（Ⅳ）对应川东中构造带中部的相对弱变形带（Ⅲ），其下是预设的基底泡沫
板。据此推测，川东基底岩浆岩体应位于该无变形区之下。泡沫板与石英砂相
比更易于传递应力，这也是实验模型中弧形构造形成的控制因素。因此，现实
中川东中部含岩浆岩体的相对刚性的断块的变位也应对弧形构造的形成有影响
（见图6-27）。

6.4　小　　结

（1）基于古构造和活动基底断裂展布的综合分析表明，宣汉-开江古隆起、
石柱古隆起、开江-泸州古隆起及其周缘凹陷的发育、迁移、消亡受多条活动基
底断裂的联合控制。例如，早震旦世时，华蓥山断裂（Ⅰ1）北段和涪陵-云阳
断裂（Ⅲ2）倾向相背，都是正断层，其共同的下盘发生地垒式抬升，形成了宣
汉-开江古隆起。

（2）结合基底断裂展布、地球物理资料所揭示的川东基底结构和盖层现今
构造样式可知，双庙-罗田断裂（Ⅱ1）、邻水-涪陵断裂（Ⅱ3）和基底岩浆岩体
结构对川东弧形构造带的形成有重要的影响。川东盖层构造在南西—北东向上呈
现三分性，对应基底自南西向北东的三大断块，其对应边界为两条北西—南东向
的基底断裂（北界为双庙-罗田断裂（Ⅱ1），南界为邻水-涪陵断裂（Ⅱ3））。
川东地区在受到来自盆地南东侧的挤压时，中部相对刚性的基底断块发生构造变
位，向北西向移动。两侧相对较软弱的基底断块发生构造变形，抵消部分作用
力，构造变位相对较弱，向北西向的位移量较小。同时，双庙-罗田断裂（Ⅱ1）
和邻水-涪陵断裂（Ⅱ3）发生走滑活动。最终，在上述基底构造条件的共同作
用下，形成了现今弧形展布的构造特征。构造物理模拟实验验证了这一认识。

参 考 文 献

柏道远，熊雄，杨俊，等，2015. 齐岳山断裂东侧盆山过渡带褶皱特征及其变形机制 [J]. 大地构造与成矿学，39（6）：1008-1021.

包茨，杨先杰，李登湘，1985. 四川盆地地质构造特征及天然气远景预测 [J]. 天然气工业，5（4）：1-11.

曹环宇，朱传庆，邱楠生，2016. 川东地区古生界主要泥页岩最高古温度特征 [J]. 地球物理学报，59（3）：1017-1029.

陈书平，汤良杰，2008. 盐构造剖面的分层合并复原方法及应用 [J]. 西安石油大学学报，23（3）：32-37.

陈宗清，2011. 论四川盆地二叠系乐平统龙潭组页岩气勘探 [J]. 天然气技术与经济，5（2）：21-26，78.

陈宗清，2013. 论四川盆地下古生界 5 次地壳运动与油气勘探 [J]. 中国石油勘探，18（5）：15-23.

代龙，胡明毅，胡忠贵，等，2015. 四川盆地上石炭统黄龙组沉积相分析 [J]. 海相油气地质，2（1）：45-52.

邓宾，2013. 四川盆地中—新生代盆–山结构与油气分布 [D]. 成都：成都理工大学.

丁道桂，朱樱，陈凤良，等，1991. 中、下扬子区古生代盆地基底拆离式改造与油气领域 [J]. 石油与天然气地质，12（4）：376-386.

丁道桂，郭彤楼，翟常博，等，2005. 鄂西—渝东区膝折构造 [J]. 石油实验地质，27（3）：205-210.

丁道桂，刘光祥，吕俊祥，等，2007. 扬子板块海相中古生界盆地的递进变形改造 [J]. 地质通报，26（9）：1178-1188.

董敏，宋微，王志海，等，2019. 鄂尔多斯盆地基底断裂多期演化及其主控因素分析——基于构造物理模拟实验 [J]. 地球学报，4（6）：847-852.

杜远生，周琦，余文超，等，2015. Rodinia 超大陆裂解、Sturtian 冰期事件和扬子地块东南缘大规模锰成矿作用 [J]. 地质科技情报，34（6）：1-7.

段金宝，唐德海，李让彬，2016. 四川盆地晚二叠世长兴期古海洋台洼与陆棚边缘礁滩对比研究 [J]. 海洋学研究，34（3）：11-18.

段金宝，梅庆华，李毕松，等，2019. 四川盆地震旦纪—早寒武世构造–沉积演化过程 [J]. 地球科学，44（3）：738-755.

方石，孙求实，谢荣祥，等，2012. 平衡剖面技术原理及其研究进展 [J]. 科技导报，30（8）：73-79.

冯向阳，孟宪刚，邵兆刚，等，2003. 华南及邻区有序变形及其动力学初探 [J]. 地球学报，24（2）：115-120.

高林志，丁孝忠，庞维华，等，2011. 中国中—新元古代地层年表的修正——锆石 U-Pb 年龄年代对地层的制约 [J]. 地层学杂志，35（1）：1-7.

谷明峰，李文正，邹倩，等，2020. 四川盆地寒武系洗象池组岩相古地理及储层特征 [J]. 海相油气地质, 25 (2): 162-170.

谷志东, 翟秀芬, 江兴福, 等, 2013. 四川盆地威远构造基底花岗岩地球化学特征及其构造环境 [J]. 地球科学, 38 (S1): 31-42.

谷志东, 汪泽成, 2014. 四川盆地川中地块新元古代伸展构造的发现及其在天然气勘探中的意义 [J]. 中国科学: 地球科学, 44 (10): 2210-2220.

谷志东, 殷积峰, 姜华, 等, 2016. 四川盆地宣汉–开江古隆起的发现及意义 [J]. 石油勘探与开发, 43 (6): 893-904.

关圣浩, 2017. 川东多套滑脱层褶皱带构造特征与变形机制 [D]. 杭州: 浙江大学.

郭正吾, 邓康龄, 韩永辉, 1996. 四川盆地形成与演化 [M]. 北京: 地质出版社.

何斌, 徐义刚, 王雅玫, 等, 2005. 东吴运动性质的厘定及其时空演变规律 [J]. 地球科学, 30 (1): 89-96.

何斌, 徐义刚, 肖龙, 等, 2006. 峨眉山地幔柱上升的沉积响应及其地质意义 [J]. 地质论评, 52 (1): 30-37.

何登发, 李德生, 张国伟, 等, 2011. 四川多旋回叠合盆地的形成与演化 [J]. 地质科学, 46 (3): 589-606.

何天华, 1981. 四川盆地海西期建造、印支—喜山期改造对油气形成的探讨 [J]. 天然气工业 (2): 2-12.

胡光灿, 谢姚祥, 1997. 中国四川东部高陡构造石炭系气田 [M]. 北京: 石油工业出版社.

胡建平, 赵军龙, 汪文秉, 等, 2005. 三峡重庆库区深部地球物理特征与断裂构造 [J]. 地球科学与环境学报, 27 (3): 49-54.

胡素云, 蔚远江, 董大忠, 等, 2006. 准噶尔盆地腹部断裂活动对油气聚集的控制作用 [J]. 石油学报, 27 (1): 1-7.

胡望水, 曾涛, 周亚丽, 等, 2011. 含滑脱层剖面的分层平衡恢复技术在川东北构造演化研究中的运用 [J]. 现代地质, 25 (5): 896-901.

黄涵宇, 何登发, 李英强, 等, 2019. 四川盆地东南部泸州古隆起的厘定及其成因机制 [J]. 地学前缘, 26 (1): 102-120.

黄慧琼, 许效松, 刘宝珺, 1988. 湘西—黔东早震旦世大塘坡组锰矿中放射虫的发现及环境意义 [J]. 岩相古地理, 35/36 (3/4): 51-61.

贾承造, 魏国齐, 李本亮, 2005. 中国中西部小型克拉通盆地群的叠合复合性质及其含油气系统 [J]. 高校地质学报, 11 (4): 479-492.

江青春, 胡素云, 江泽成, 等, 2012. 四川盆地茅口组风化壳岩溶古地貌及勘探选区 [J]. 石油学报, 33 (6): 949-960.

金之钧, 龙胜祥, 周雁, 等, 2006. 中国南方膏盐岩分布特征 [J]. 石油与天然气地质, 27 (5): 571-583.

金之钧, 胡宗全, 高波, 等, 2016. 川东南地区五峰组—龙马溪组页岩气富集与高产控制因素 [J]. 地学前缘, 23 (1): 1-10.

乐光禹, 1998. 大巴山造山带及其前陆盆地的构造特征和构造演化 [J]. 矿物岩石, 18 (S1): 8-15.

李宏博, 张招崇, 吕林素, 2010. 峨眉山大火成岩省基性墙群几何学研究及对地幔柱中心的指示意义 [J]. 岩石学报, 26 (10): 3143-3152.

李洪奎, 李忠权, 龙伟, 等, 2019. 四川盆地纵向结构及原型盆地叠合特征 [J]. 成都理工大学学报 (自然科学版), 46 (3): 257-267.

李洪奎, 2020. 四川盆地地质结构及叠合特征研究 [D]. 成都: 成都理工大学.

李皎, 何登发, 2014. 四川盆地及邻区寒武纪古地理与构造-沉积环境演化 [J]. 古地理学报, 16 (4): 441-460.

李磊, 谢劲松, 邓鸿斌, 等, 2012. 四川盆地寒武系划分对比及特征 [J]. 华南地质与矿产, 28 (3): 197-202.

李伟, 吴智平, 侯旭波, 等, 2010. 平衡剖面技术在临清坳陷东部盆地分析中的应用 [J]. 油气地质与采收率, 17 (2): 33-36, 41, 113.

李伟, 刘超, 张江涛, 等, 2015. 北部湾盆地迈陈凹陷东部断裂系统成因演化机制的构造物理模拟 [J]. 中国石油大学学报 (自然科学版), 39 (3): 38-46.

李阳, 王兴志, 蒲柏宇, 等, 2022. 四川盆地开江-梁平海槽东侧三叠系飞仙关组鲕滩沉积特征 [J]. 岩性油气藏, 34 (2): 116-130.

李智武, 2006. 中—新生代大巴山前陆盆地-冲断带的形成演化 [D]. 成都: 成都理工大学.

李忠权, 张寿庭, 陈更生, 等, 1998. 准噶尔南缘拉张伸展角度不整合的形成机理及动力学意义 [J]. 成都理工学院学报, 25 (1): 119-120.

李忠权, 冉隆辉, 陈更生, 等, 2002. 川东高陡构造成因地质模式与含气性分析 [J]. 成都理工学院学报, 29 (6): 605-609.

李忠权, 应丹琳, 李洪奎, 等, 2011. 川西盆地演化及盆地叠合特征研究 [J]. 岩石学报, 27 (8): 2362-2370.

李忠权, 麻成斗, 应丹琳, 等, 2014. 川渝地区构造动力学演化与盆岭-盆山耦合构造分析 [J]. 岩石学报, 30 (3): 631-640.

李忠权, 刘记, 李应, 等, 2015. 四川盆地震旦系威远-安岳拉张侵蚀槽特征及形成演化 [J]. 石油勘探与开发, 42 (1): 26-33.

李忠雄, 陆永潮, 王剑, 等, 2004. 中扬子地区晚震旦世—早寒武世沉积特征及岩相古地理 [J]. 古地理学报, 6 (2): 151-162.

梁瀚, 马波, 肖柏夷, 等, 2019. 基于构造变形约束的川东寒武系膏盐层分布 [J]. 古地理学报, 21 (5): 825-834.

梁全胜, 刘震, 何小胡, 等, 2009. 根据地震资料恢复勘探新区地层剥蚀量 [J]. 新疆石油地质, 30 (1): 103-105.

梁新权, 周云, 蒋英, 等, 2013. 二叠纪东吴运动的沉积响应差异: 来自扬子和华夏板块吴家坪组或龙潭组碎屑锆石 LA-ICPMSU-Pb 年龄研究 [J]. 岩石学报, 29 (10): 3592-3606.

林良彪, 陈洪德, 张长俊, 2007. 四川盆地西北部中三叠世雷口坡期岩相古地理 [J]. 沉积与特提斯地质, 27 (3): 51-58.

刘池洋, 张复新, 高飞, 2007. 沉积盆地成藏 (矿) 系统 [J]. 中国地质, 34 (3): 365-374.

刘池洋, 2008. 沉积盆地动力学与盆地成藏 (矿) 系统 [J]. 地球科学与环境学报, 30 (1):

1-23.

刘池洋, 张东东, 2009. 盆地复杂系统特征与研究思想和方法论 [J]. 西北大学学报 (自然科学版), 39 (3): 350-358.

刘恩山, 李三忠, 金宠, 等, 2010. 雪峰陆内构造系统燕山期构造变形特征和动力学 [J]. 海洋地质与第四纪地质, 30 (5): 63-74.

刘光鼎, 2018. 地球物理通论 [M]. 上海: 上海科学技术出版社.

刘景东, 蒋有录, 孔令强, 2011. 哈萨克斯坦 M 盆地平衡剖面复原及其在油气成藏研究中的应用 [J]. 地质科技情报, 30 (6): 94-98.

刘尚忠, 1995. 川东薄皮构造模式之我见 [J]. 四川地质学报, 15 (4): 264-267.

刘树根, 李智武, 刘顺, 等, 2006. 大巴山前陆盆地-冲断带的形成与演化 [M]. 北京: 地质出版社.

刘树根, 李智武, 孙玮, 2011. 四川含油气叠合盆地基本特征 [J]. 地质科学, 46 (1): 233-257.

刘树根, 孙玮, 罗志立, 等, 2013. 兴凯地裂运动与四川盆地下组合油气勘探 [J]. 成都理工大学学报 (自然科学版), 40 (5): 511-520.

刘树根, 邓宾, 钟勇, 等, 2016a. 四川盆地及周缘下古生界页岩气深埋藏-强改造独特地质作用 [J]. 地学前缘, 23 (1): 11-28.

刘树根, 王一刚, 孙玮, 等, 2016b. 拉张槽对四川盆地海相油气分布的控制作用 [J]. 成都理工大学学报 (自然科学版), 43 (1): 1-23.

刘树根, 孙玮, 钟勇, 等, 2017. 四川海相克拉通盆地显生宙演化阶段及其特征 [J]. 岩石学报, 33 (4): 1058-1072.

卢庆治, 马永生, 郭彤楼, 等, 2007. 鄂西-渝东地区热史恢复及烃源岩成烃史 [J]. 地质科学, 42 (1): 189-198.

罗良, 漆家福, 张明正, 2015. 四川盆地周缘冲断带构造演化及变形差异性研究 [J]. 地质论评, 61 (3): 525-535.

罗志立, 1989. 峨眉地裂运动的厘定及其意义 [J]. 四川地质学报, 9 (1): 1-17.

罗志立, 1994. 龙门山造山带的崛起和四川盆地的形成与演化 [M]. 成都: 成都科技大学出版社.

罗志立, 1998. 四川盆地基底结构的新认识 [J]. 成都理工学院学报, 25 (2): 85-92, 94.

吕宝凤, 夏斌, 2005. 川东南 "隔挡式构造" 的重新认识 [J]. 天然气地球科学, 16 (3): 278-282.

马宝军, 漆家福, 杨桥, 2005. 沾车凹陷新生代盆地基底构造演化的物理模拟 [J]. 西安石油大学学报 (自然科学版), 20 (3): 15-19.

马新华, 李国辉, 应丹琳, 等, 2019. 四川盆地二叠系火成岩分布及含气性 [J]. 石油勘探与开发, 46 (2): 216-225.

梅廉夫, 刘昭茜, 汤济广, 等, 2010. 湘鄂西-川东中生代陆内递进扩展变形: 来自裂变径迹和平衡剖面的证据 [J]. 地球科学 (中国地质大学学报), 35 (2): 161-174.

梅庆华, 何登发, 文竹, 等, 2014. 四川盆地乐山-龙女寺古隆起地质结构及构造演化 [J]. 石油学报, 35 (1)：11-25.

梅庆华, 2015. 四川盆地乐山-龙女寺古隆起构造演化及其成因机制 [D]. 北京：中国地质大学.

潘桂棠, 陆松年, 肖庆辉, 等, 2016. 中国大地构造阶段划分和演化 [J]. 地学前缘, 23 (6)：1-23.

潘桂棠, 肖庆辉, 尹福光, 等, 2017. 中国大地构造 [M]. 北京：地质出版社.

任泓霖, 2020. 鄂西渝东-湘鄂西地区主要断裂特征及演化 [D]. 荆州：长江大学.

任纪舜, 1994. 中国大陆的组成、结构、演化和动力学 [J]. 地球学报 (3/4)：5-13.

盛贤才, 王韶华, 文可东, 等, 2004. 鄂西渝东地区石柱古隆起构造沉积演化 [J]. 海相油气地质, 9 (1/2)：43-52, 123.

石红才, 施小斌, 杨小秋, 等, 2011. 鄂西渝东方斗山-石柱褶皱带中新生代隆升剥蚀过程及构造意义 [J]. 地球物理学进展, 26 (6)：1993-2002.

舒良树, 2012. 华南构造演化的基本特征 [J]. 地质通报, 31 (7)：1035-1053.

宋鸿彪, 罗志立, 1995. 四川盆地基底及深部地质结构研究的进展 [J]. 地学前缘, 2 (3/4)：231-237.

宋文海, 1996. 乐山-龙女寺古隆起大中型气田成藏条件研究 [J]. 天然气工业, 16 (S1)：13-26, 105-106.

宋晓东, 李江涛, 鲍学伟, 等, 2015. 中国西部大型盆地的深部结构及对盆地形成和演化的意义 [J]. 地学前缘, 22 (1)：126-136.

宋谢炎, 张成江, 胡瑞忠, 等, 2005. 峨眉火成岩省岩浆矿床成矿作用与地幔柱动力学过程的耦合关系 [J]. 矿物岩石, 25 (4)：35-44.

苏桂萍, 2021. 川中古隆起北斜坡区构造特征、演化及其对油气成藏影响研究 [D]. 成都：成都理工大学.

孙珍, 周蒂, 钟志洪, 等, 2005. 莺-琼盆地基底控制断裂样式的模拟探讨 [J]. 热带海洋学报, 24 (2)：70-78.

谭开俊, 牟中海, 2004. 塔西南地区上寒武统—奥陶系剥蚀厚度恢复 [J]. 河南石油, 18 (3)：4-6.

谭秀成, 罗冰, 江兴福, 等, 2012. 四川盆地基底断裂对长兴组生物礁的控制作用研究 [J]. 地质评论, 58 (2)：277-284.

田景春, 张奇, 林小兵, 等, 2018. 四川盆地二叠系层序地层格架内的沉积与储层演化 [M]. 北京：科学出版社.

童崇光, 1992. 四川盆地构造演化与油气聚集 [M]. 北京：地质出版社.

童亨茂, 聂金英, 孟令箭, 等, 2009. 基底先存构造对裂陷盆地断层形成和演化的控制作用规律 [J]. 地学前缘, 16 (4)：97-104.

童亨茂, 2010. "不协调伸展"作用下裂陷盆地断层的形成演化模式 [J]. 地质通报, 29 (11)：1606-1613.

童亨茂, 蔡东升, 吴永平, 等, 2011. 非均匀变形域中先存构造活动性的判定 [J]. 中国科学：地球科学, 41 (2)：158-168.

庹秀松, 陈孔全, 罗顺社, 等, 2020. 四川盆地东南缘齐岳山断裂构造特征与页岩气保存条件 [J]. 石油与天然气地质, 41 (5): 1017-1027.

汪泽成, 赵文智, 张林, 等, 2002, 四川盆地构造层序与天然气勘探 [M]. 北京: 地质出版社.

汪泽成, 邹才能, 陶士振, 等, 2004. 大巴山前陆盆地形成及演化与油气勘探潜力分析 [J]. 石油学报, 25 (6): 23-28.

汪泽成, 赵文智, 门相勇, 等, 2005. 基底断裂 "隐性活动" 对鄂尔多斯盆地上古生界天然气成藏的作用 [J]. 石油勘探与开发, 32 (1): 9-13.

汪泽成, 赵文智, 李宗银, 等, 2008. 基底断裂在四川盆地须家河组天然气成藏中的作用 [J]. 石油勘探与开发, 35 (5): 541-547.

汪泽成, 姜华, 王铜山, 等, 2014. 上扬子地区新元古界含油气系统与油气勘探潜力 [J]. 天然气工业, 34 (4): 27-36.

汪泽成, 刘静江, 姜华, 等, 2019. 中—上扬子地区震旦纪陡山沱组沉积期岩相古地理及勘探意义 [J]. 石油勘探与开发, 46 (1): 39-51.

汪泽成, 姜华, 陈志勇, 等, 2020. 中上扬子地区晚震旦世构造古地理及油气地质意义 [J]. 石油勘探与开发, 47 (5): 884-897.

王飞飞, 张参, 邓辉, 等, 2013. 含油气盆地剥蚀厚度恢复研究进展 [J]. 地下水, 35 (2): 154-157.

王敏芳, 李平平, 2007, 地质学方法估算准噶尔盆地西山窑组剥蚀厚度 [J]. 地球科学与环境学报, 29 (1): 30-33.

王平, 刘少峰, 郜瑭珺, 等, 2012. 川东弧形带三维构造扩展的 AFT 记录 [J]. 地球物理学报, 55 (5): 1662-1673.

王淑丽, 郑绵平, 焦建, 2012. 上扬子区寒武系蒸发岩沉积相及成钾潜力分析 [J]. 地质与勘探, 48 (5): 947-958.

王伟锋, 周维维, 徐守礼, 2017. 沉积盆地断裂趋势带形成演化及其控藏作用 [J]. 地球科学, 42 (4): 613-624.

王鑫, 辛勇光, 田瀚, 2020. 四川盆地中三叠统雷口坡组沉积储层研究进展 [J]. 海相油气地质, 25 (3): 210-222.

王学军, 杨志如, 韩冰, 2015. 四川盆地叠合演化与油气聚集 [J]. 地学前缘, 22 (3): 161-173.

王一刚, 文应初, 张帆, 等, 1998. 川东地区上二叠统长兴组生物礁分布规律 [J]. 天然气工业, 18 (6): 25-30, 7-8.

王英民, 童崇光, 徐国强, 等, 1991. 川中地区基底断裂的发育特征及成因机制 [J]. 成都地质学院学报, 18 (3): 52-60.

王赞军, 王宏超, 董娣, 等, 2018. 华蓥山断裂带的物探成果综述 [J]. 四川地震 (3): 6-12.

魏峰, 陈孔全, 庹秀松, 2019. 川东齐岳山断层北部差异构造变形特征 [J]. 石油实验地质, 41 (3): 348-354, 362.

魏国齐, 杨威, 杜金虎, 等, 2015. 四川盆地震旦纪—早寒武世克拉通内裂陷地质特征 [J]. 天然气工业, 35 (1): 24-35.

吴功建，高锐，1983. 论区域航磁异常与我国东部深部地质构造的关系——地质解释之一 [J].
　　中国区域地质 (5)：97-111.

吴航，2019. 川东地区中—新生代构造隆升过程研究 [D]. 北京：中国石油大学.

吴林，陈清华，2015. 苏北盆地高邮凹陷基底断裂构造特征及成因演化 [J]. 天然气地球科学，
　　26 (4)：689-699.

武赛军，魏国齐，杨威，等，2016. 四川盆地桐湾运动及其油气地质意义 [J]. 天然气地球科
　　学，27 (1)：60-70.

肖阳，邬光辉，雷永良，等，2017. 走滑断裂带贯穿过程与发育模式的物理模拟 [J]. 石油勘探
　　与开发，44 (3)：340-348.

谢建磊，杨坤光，马昌前，2006. 湘西花垣—张家界断裂带构造变形特征与 ESR 定年 [J]. 高
　　校地质学报，12 (1)：14-21.

熊小松，高锐，张季生，等，2015. 四川盆地东西陆块中下地壳结构存在差异 [J]. 地球物理学
　　报，58 (7)：2413-2423.

徐安娜，胡素云，汪泽成，等，2016. 四川盆地寒武系碳酸盐岩-膏盐岩共生体系沉积模式及储
　　层分布 [J]. 天然气工业，36 (6)：11-20.

徐鸣洁，王良书，钟锴，等，2005. 塔里木盆地重磁场特征与基底结构分析 [J]. 高校地质学
　　报，11 (4)：585-592.

徐世荣，徐锦华，1986. 华蓥山断裂带地震勘探新成果 [J]. 石油学报，7 (3)：39-48.

徐汀滢，季建清，涂继耀，等，2012. 川东褶皱带构造发育深度层次与变形样式 [J]. 地质科
　　学，47 (3)：788-807.

徐义刚，钟孙霖，2001. 峨眉山大火成岩省：地幔柱活动的证据及其熔融条件 [J]. 地球化学，
　　30 (1)：1-9.

徐义刚，何斌，黄小龙，等，2007. 地幔柱大辩论及如何验证地幔柱假说 [J]. 地学前缘，14
　　(2)：1-9.

许长海，周祖翼，常远，等，2010. 大巴山弧形构造带形成与两侧隆起的关系：FT 和 (U-Th)/
　　He 低温热年代约束 [J]. 中国科学：地球科学，40 (12)：1684-1696.

许海龙，魏国齐，贾承造，等，2012. 乐山-龙女寺古隆起构造演化及对震旦系成藏的控制 [J].
　　石油勘探与开发，39 (4)：406-416.

颜丹平，汪新文，刘友元，2000. 川鄂湘边区褶皱构造样式及其成因机制分析 [J]. 现代地质，
　　14 (1)：37-43.

晏山，李忠权，杨雨，等，2021. 四川盆地涪陵-石柱-建南大型古隆起的发现及勘探意义 [J].
　　成都理工大学学报 (自然科学版)，48 (4)：385-395，405.

晏山，2022. 川西南地区基底构造特征及其对盖层构造的影响 [D]. 成都：成都理工大学.

杨蓉，尊珠桑姆，许长海，等，2010. 四川盆地东部华蓥山断裂滑动分析与古应力重建 [J]. 内
　　蒙古石油化工，36 (4)：97-100.

杨恬，吴世敏，刘海龄，等，2005. 南海西北部重磁场及深部构造特征 [J]. 大地构造与成矿
　　学，29 (3)：364-370.

杨跃明，文龙，罗冰，等，2016. 四川盆地达州-开江古隆起沉积构造演化及油气成藏条件分析

[J]. 天然气工业, 36（8）：1-10.

袁玉松, 郑和荣, 涂伟, 2008. 沉积盆地剥蚀量恢复方法 [J]. 石油实验地质, 30（6）：636-642.

袁照令, 李大明, 1998. 关于磁异常化到地磁极问题的几点认识 [J]. 物探化探计算技术, 20（3）：93-96.

曾道富, 1988. 关于恢复四川盆地各地质时期地层剥蚀量的初探 [J]. 石油实验地质, 10（2）：134-141.

张国伟, 张本仁, 袁学诚, 2001. 秦岭造山带与大陆动力学 [M]. 北京：科学出版社.

张浩然, 姜华, 陈志勇, 等, 2020. 四川盆地及周缘地区加里东运动幕次研究现状综述 [J]. 地质科技通报, 39（5）：118-126.

张红波, 2019. 川中地区南充构造特征及形成演化研究 [D]. 成都：成都理工大学.

张佳星, 尹宏伟, 朱继田, 等, 2018. 基底性质对断裂构造的影响：以琼东南盆地为例 [J]. 高校地质学报, 24（4）：563-572.

张进铎, 2007. 平衡剖面技术在国内外油气勘探中的最新应用 [J]. 地球物理学进展, 22（6）：1856-1861.

张亮鉴, 1985. 应用遥感资料对四川盆地基底构造格局与油气分布关系的筛分 [J]. 成都地质学院学报,（2）：73-81, 111.

张奇, 徐亮, 金小林, 等, 2009. 川东地区嘉陵江组四段膏盐岩分布的沉积环境分析 [J]. 盐湖研究, 17（4）：1-5.

张文佑, 叶洪, 钟嘉猷, 1978. "断块"与"板块"[J]. 中国科学（2）：195-211, 248.

张文志, 2015. 二连浩特–东乌旗地区航磁异常特征及区域地质构造识别 [D]. 北京：中国地质大学.

张向鹏, 杨晓薇, 2007. 平衡剖面技术的研究现状及进展 [J]. 煤田地质与勘探, 35（2）：78-80.

张小琼, 单业华, 聂冠军, 等, 2013. 中生代川东褶皱带的数值模拟：滑脱带深度对地台盖层褶皱型式的影响 [J]. 大地构造与成矿学, 37（4）：622-632.

张小琼, 单业华, 倪永进, 等, 2015. 中生代川东褶皱带的数值模拟：两阶段的构造演化模型 [J]. 大地构造与成矿学, 39（6）：1022-1032.

张旭亮, 2019. 鄂西–渝东地区构造演化及成因机制 [D]. 北京：中国地质大学.

张岳桥, 董树文, 李建华, 等, 2012. 华南中生代大地构造研究新进展 [J]. 地球学报, 33（3）：257-279.

赵爱卫, 2015. 四川盆地及周缘地区寒武系洗象池群岩相古地理研究 [D]. 成都：西南石油大学.

赵俊猛, 卢造勋, 姚长利, 等, 2008. 准噶尔盆地基底断裂的重磁学研究 [J]. 地震地质, 30（1）：132-143.

赵立可, 李文皓, 和源, 等, 2020. 四川盆地麦地坪组—筇竹寺组沉积充填规律及勘探意义 [J]. 天然气勘探与开发, 43（3）：30-38.

赵文智, 胡素云, 汪泽成, 等, 2003. 鄂尔多斯盆地基底断裂在上三叠统延长组石油聚集中的

控制作用 [J]. 石油勘探与开发, 30 (5): 1-5.

赵文智, 魏国齐, 杨威, 等, 2017. 四川盆地万源-达州克拉通内裂陷的发现及勘探意义 [J]. 石油勘探与开发, 44 (5): 659-669.

赵艳军, 刘成林, 龚大兴, 等, 2015. 泸州-开江古隆起对川东三叠纪成盐成钾环境的控制作用 [J]. 地质学报, 89 (11): 1983-1989.

郑斌嵩, 2019. 晚二叠世—早三叠世鄂西海槽沉积演化及其大地构造意义——兼论华南 PTB 斑脱岩的来源 [D]. 武汉: 中国地质大学.

郑荣才, 李德敏, 张梢楠, 1995. 川东黄龙组天然气储层的层序地层学研究 [J]. 沉积学报, 13 (S1): 1-9.

钟勇, 李亚林, 张晓斌, 等, 2014. 川中古隆起构造演化特征及其与早寒武世绵阳-长宁拉张槽的关系 [J]. 成都理工大学学报 (自然科学版), 41 (6): 703-712.

周建勋, 徐凤银, 朱战军, 等, 2003. 柴达木盆地北缘新生代构造变形的物理模拟 [J]. 地球学报, 24 (4): 299-304.

周建勋, 2005. 同沉积挤压盆地构造演化恢复的平衡剖面方法及其应用 [J]. 地球学报, 26 (2): 151-156.

周荣军, 唐荣昌, 钱洪, 等, 1997. 地震构造类比法的应用——以川东地区华蓥山断裂带为例 [J]. 地震研究, 20 (3): 316-322.

周稳生, 2016. 四川盆地重磁异常特征与深部结构 [D]. 南京: 南京大学.

周永胜, 李建国, 王绳祖, 等, 2002. 用物理模拟实验研究大陆伸展构造 [J]. 地质力学学报, 8 (2): 141-148.

周竹生, 马翠莲, 胡文武, 等, 2008. 平衡剖面技术在地震资料解释中的应用 [J]. 煤田地质与勘探, 36 (3): 67-70.

朱传庆, 徐明, 单竞男, 等, 2009. 利用古温标恢复四川盆地主要构造运动时期的剥蚀量 [J]. 中国地质, 26 (6): 1268-1277.

朱传庆, 徐明, 袁玉松, 等, 2010. 峨眉山玄武岩喷发在四川盆地的地热学响应 [J]. 科学通报, 55 (6): 474-482.

邹耀遥, 张树林, 沈传波, 等, 2018. 湘鄂西褶皱带中—新生代剥蚀特征及其构造指示: 来自磷灰石裂变径迹的证据 [J]. 地球科学, 43 (6): 2007-2018.

邹玉涛, 段金宝, 赵艳军, 2015. 川东高陡断褶带构造特征及其演化 [J]. 地质学报, 89 (11): 2046-2052.

ANYANWU G, MAMAH L, 2013. Structural interpretation of Abakaliki-Ugep, using airborne magnetic and landsat thematic mapper (TM) data [J]. Journal of Natural Sciences Research, 3 (13): 137-148.

AWOYEMI M O, AROGUNDADE A B, FALADE S C, et al., 2016. Investigation of basement fault propagation in Chad Basin of Nigeria using high resolution aeromagnetic data [J]. Arabian Journal of Geosciences, 9 (6): 453.

BALDWIN B, BUTLER C, 1985. Compaction curves [J]. AAPG Bulletin, 69 (4): 622-626.

BELLAHSEN N, DANIEL J M, 2005. Fault reactivation control on normal fault growth: An experimental study [J]. Journal of Structural Geology, 27: 769-780.

BEZERRA F H R, ROSSETTI D F, OLIVEIRA R G, et al. , 2014. Neotectonic reactivation of shear zones and implications for faulting style and geometry in the continental margin of NE Brazil [J]. Tectonophysics, 614: 78-90.

BONANNO E, BONINI L, BASILI R, et al. , 2017. How do horizontal, frictional discontinuities affect reverse fault-propagation folding? [J]. Journal of Structural Geology, 102: 147-167.

BONINI M, SOKOUTIS D, MULUGETA G, et al. , 2000. Modelling hanging wall accommodation above rigid thrust ramps [J]. Journal of Structural Geology, 22 (8): 1165-1179.

CASTRO D L D, BEZERRA F H R, SOUSA M O L, et al. , 2012. Influence of Neoproterozoic tectonic fabric on the origin of the Potiguar Basin, northeastern Brazil and its links with West Africa based on gravity and magnetic data [J]. Journal of Geodynamics, 54: 29-42.

CHAMBERLIN R T, SHEPARD F P, 1923. Some experiments in folding [J]. The Journal of Geology, 31 (6): 490-512.

CHEN Z X, QIU L J, LIU Y L, 2021. Pre-salt regional structure and its control for hydrocarbon accumulation in Lower Congo Basin from seismic and gravity data [J]. Journal of Applied Geophysics, 188: 104312.

CHUNG S L, JAHN B M, 1995. Plume-lithosphere interaction in generation of the Emeishan flood basalts at the Permian-Triassic boundary [J]. Geology, 23 (10): 889-892.

CLARINGBOULD J S, BELL R E, JACKSON C A L, et al. , 2017. Preexisting normal faults have limited control on the rift geometry of the northern North Sea [J]. Earth Planet, 475: 190-206.

CONNEALLY J, CHILDS C, NICOL A, 2017. Monocline formation during growth of segmented faults in the Taranaki Basin, offshore New Zealand [J]. Tectonophysics, 721: 310-321.

DAHLSTROM C D A, 1969. Balanced cross sections [J]. Canadian Journal of Earth Science, 6 (4): 743-757.

DICKINSON G, 1953. Geological aspects of abnormal reservoir pressures in the Gulf Coast region of Louisiana [J]. AAPG Bulletin, 37: 410-432.

DOBRIN M B, 1941. Some quantitative experiments on a fluid salt-dome model and their geological implications [J]. Eos, Transactions American Geophysical Union, 22 (2): 528-542.

DONG S W, ZHANG Y Q, GAO R, et al. , 2015. A possible buried Paleoproterozoic collisional orogen beneath central South China [J]. Evidence Precambrian Research, 264: 1-10.

DOW W G, 1977. Kerogan studies and geological interpretations [J]. Journal of Geochemical Exploration, 7: 79-99.

DUBOIS A, ODONNE F, MASSONNAT G, et al. , 2002. Analogue modelling of fault reactivation: Tectonic inversion and oblique remobilisation of grabens [J]. Journal of Structural Geology, 24 (11): 1741-1752.

FERRER O, MCCLAY K, SELLIER N C, 2016. Influence of fault geometries and mechanical anisotropies on the growth and inversion of hanging-wall synclinal basins: Insights from sandbox models and natural examples [J]. Geological Society, London, Special Publications, 439 (1):

487-509.

GABRIELSEN R H, SOKOUTIS D, WILLINGSHOFER E, et al. , 2016. Fault linkage across weak layers during extension: An experimental approach with reference to the Hoop Fault Complex of the SW Barents Sea [J]. Petroleum Geoscience, 22 (2): 123-135.

GARTRELL A, HUDSON C, EVANS B, 2005. The influence of basement faults during extension and oblique inversion of the Makassar Straits rift system: Insights from analog models [J]. AAPG Bulletin, 89 (4): 495-506.

GE Z Y, GAWTHORPE R L, ROTEVATN A, et al. , 2017. Impact of normal faulting and pre-rift salt tectonics on the structural style of salt-influenced rifts: The Late Jurassic Norwegian Central Graben, North Sea [J]. Basin Research, 29 (5): 674-698.

GENG C B, TONG H M, HE Y D, et al. , 2007. Sandbox modeling of the fault-increment pattern in extensional basins [J]. Petroleum Science, 4 (2): 29-34.

GOMES A S, ROSAS F M, DUARTE J C, et al. , 2019. Analogue modelling of brittle shear zone propagation across upper crustal morpho-rheological heterogeneities [J]. Journal of Structural Geology, 126: 175-197.

GRAY G, ZHANG Z Y, BARRIOS A, 2019. Basement-involved, shallow detachment faulting in the Bighorn Basin, Wyoming and Montana [J]. Journal of Structural Geology, 120: 80-86.

GU Z D, WANG X, NUNNS A, et al. , 2021. Structural styles and evolution of a thin-skinned fold-and-thrust belt with multiple detachments in the eastern Sichuan Basin, South China [J]. Journal of Structural Geology, 142: 104191.

HALL J, 1815. On the vertical position and convolutions of certain strata and their relationship with granite [J]. Transactions of the Royal Society of Edinburgh, 7: 79-108.

HANSMAN R J, RING U, 2018. Jabal Hafit anticline (UAE and Oman) formed by décollement folding followed by trishear fault-propagation folding [J]. Journal of Structural Geology, 117: 168-185.

HARDY S, 2018. Coupling a frictional-cohesive cover and a viscous substrate in a discrete element model: First results of application to thick- and thin-skinned extensional tectonics [J]. Marine and Petroleum Geology, 97: 32-44.

HASSAN W M E, FARWA A G, AWAD M Z, 2017. Inversion tectonics in Central Rift System: Evidence from the Heglig Field [J]. Marine and Petroleum Geology, 80: 293-306.

HE W G, ZHOU J X, YUAN K, 201. Deformation evolution of Eastern Sichuan-Xuefeng fold-thrust belt in South China: Insights from analogue modelling [J]. Journal of Structural Geology, 109: 74-85.

HEILMAN E, KOLAWOLE F, ATEKWANA E A, et al. , 2019. Controls of basement fabric on the linkage of rift segments [J]. Tectonics, 38 (4): 1337-1366.

HOLDSWORTH R E, BUTLER C A, ROBERTS A M, 1997. The recognition of reactivation during continental deformation [J]. Journal of the Geological Society, 154 (1): 73-78.

HOPPIN R A, PALMQUIST J C, WILLIAMS L O, 1965. Control by Precambrian basement structure on the location of the Tensleep-Beaver Creek Fault, Bighorn Mountains, Wyoming [J]. The Journal of Geology, 73 (1): 189-195.

HUBBERT M K, 1937. Theory of scale models as applied to the study of geologic structures [J]. Geological Society of America Bulletin, 48 (9/10/11/12): 1459-1519.

KHALIL S M, MCCLAY K R, 2002. Extensional fault-related folding, northwesten Red Sea, Egypt [J]. Journal of Structural Geology, 24 (1): 743-762.

KOLAWOLE F, ATEKWANA E A, LAÓ-DÁVILA D A, et al., 2018. Active deformation of Malawi rift's north basin hinge zone modulated by reactivation of preexisting Precambrian shear zone fabric [J]. Tectonics, 37: 683-704.

KRANTZ R W, 1991. Measurements of friction coefficients and cohesion for faulting and fault reactivation in laboratory models using sand and sand mixtures [J]. Tectonophysics, 188: 203-207.

LI C X, HE D F, SUNY P, et al., 2015a. Structural characteristic and origin of intra-continental fold belt in the eastern Sichuan Basin, South China Block [J]. Journal of Asian Earth Sciences, 111: 206-221.

LI G, LI Z Q, LI D, et al., 2022. Basement fault control on the extensional process of a basin: A case study from the Cambrian-Silurian of the Sichuan Basin, South-west China [J]. Geological Journal, 57 (9): 3648-3667.

LI H B, ZHANG Z C, ERNST R, et al., 2015b. Giant radiating mafic dyke swarm of the Emeishan Large Igneous Province: Identifying the mantle plume centre [J]. Terra Nova, 27 (4): 247-257.

LI J H, ZHANG Y Q, DONG S W, et al., 2013. Structural and geochronological constraints on the Mesozoic tectonic evolution of the North Dabashan zone, South Qinling, Central China [J]. Journal of Asia Earth Sciences, 64: 99-114.

LI S G, 1931. Variscan orogeny of the southeast of China [J]. Bulletin of the Geological Society of China, 11 (2): 200-217.

LI S J, LI Y Q, HE Z L, et al., 2020. Differential deformation on two sides of Qiyueshan Fault along the eastern margin of Sichuan Basin, China, and its influence on shale gas preservation [J]. Marine and Petroleum Geology, 121: 104602.

LI X H, LI Z X, SINCLAIR J A, et al., 2006. Revisiting the "Yanbian Terrane": Implications for Neoproterozoic tectonic evolution of the western Yangtze black, South China [J]. Precambrian Research, 151 (1/2): 14-30.

LIN B, ZHANG X, XU X C, et al., 2015. Features and effects of basement faults on deposition in the Tarim Basin [J]. Earth-Science Reviews, 145: 43-55.

LIU S G, YANG Y, DENG B, et al., 2021. Tectonic evolution of the Sichuan Basin, Southwest China [J]. Earth-Science Reviews, 213: 103470.

MAGARA K, 1976. Thickness of removed sedimentary rocks, paleopore pressure, and paleotemperature, southwestern part of Western Canada basin [J]. AAPG Bulletin, 60: 554-566.

MARQUES F O, NOGUEIRA F C C, BEZERRA F H R, et al., 2014. The Araripe Basin in NE Brazil: An intracontinental graben inverted to a high-standing horst [J]. Tectonophysics, 630:

251-264.

MCCLAY K R, 1990. Extensional fault systems in sedimentary basins: A review of analogue model studies [J]. Marine & Petroleum Geology, 7 (3): 206-233.

MCCLAY K R, DOOLEY T, LEWIS G, 1998. Analog modeling of progradational delta systems [J]. Geology, 26 (9): 771-774.

MISRA A A, MAITRA A, SINHA N, et al., 2019. Syn- to post-rift fault evolution in a failed rift: A reflection seismic study in central Cambay Basin (Gujarat), India [J]. International Journal of Earth Sciences, 108 (4): 1293-1316.

MODISI M P, ATEKWANA E A, KAMPUNZU A B, et al., 2000. Rift kinematics during the incipient stages of continental extension: Evidence from the nascent Okavango rift basin, northwest Bostwana [J]. Geology, 28 (10): 939-942.

MORLEY C K, 1999. How successful are analogue models in addressing the influence of pre-existing fabrics on rift structure? [J]. Journal of Structural Geology, 21: 1267-1274.

MORLEY C K, 2002. A tectonic model for the Tertiary evolution of strike-slip faults and rift basins in SE Asia [J]. Tectonophysics, 347: 189-215.

MORLEY C K, HARANYA C, PHOOSONGSEE W, et al., 2004. Activation of rift oblique and rift parallel pre-existing fabrics during extension and their effect on deformation style: Examples from the rifts of Thailand [J]. Journal of Structural Geology, 26: 1803-1829.

NALPAS T, BRUN J P, 1993. Salt flow and diapirism related to extension at crustal scale [J]. Tectonophysics, 228: 349-362.

NOGUEIRA F C C, MARQUES F O, BEZERRA F H R, et al., 2015. Cretaceous intracontinental rifting and post-rift inversion in NE Brazil: Insights from the Rio do Peixe Basin [J]. Tectonophysics, 644/645: 92-107.

OKONKWO C C, ONWUEMESI A G, ANAKWUBA E K, et al., 2012. Aeromagnetic data over Maiduguri and Environs of the Southern Chad Basin, Nigeria [J]. Journal of Earth Sciences and Geotechnical Engineering, 2 (3): 77-93.

ONYEDIM G C, ALAGOA K D, ADEDOKUN I O, et al., 2009. Mapping high-angle basement faults in the middle Benue trough, Nigeria from gravity inversion surface [J]. Earth Sciences Research Journal, 13 (2): 140-147.

PERRON P, GUIRAUD M, VENNIN E, et al., 2018. Influence of basement heterogeneity on the architecture of low subsidence rate Paleozoic intracratonic basins (Reggane, Ahnet, Mouydir and Illizi basins, Hoggar Massif) [J]. Solid Earth, 9 (6): 1239-1275.

PHILLIPS T B, JACKSON C A L, BELL R E, et al., 2016. Reactivation of intrabasement structures during rifting: A case study from offshore southern Norway [J]. Journal of Structural Geology, 91: 54-73.

RAMSAY J G, 1981. Tectonics of the Helvetic Nappes [J]. Geological Society, London, Special Publications, 9: 293-309.

REN J S, 1996. The continental tectonics of China [J]. Journal of Southeast Asian Earth Sciences, 13

(3/4/5): 197-204.

RESTON T J, 2005. Polyphase faulting during the development of the west Galicia rifted margin [J]. Earth Planet, 237 (3/4): 561-576.

ROGERS J W, SANTOSH M, 2004. Continents and supercontinents [M]. Oxford: Oxford University Press.

ROMA M, VIDAL-ROYO O, MCCLAY K, et al., 2018. Tectonic inversion of salt-detached ramp-syncline basins as illustrated by analog modeling and kinematic restoration [J]. Interpretation, 6 (1): T127-T144.

ROSAS F M, DUARTE J C, SCHELLART W P, et al., 2015. Analogue modeling of different angle thrust-wrench fault interference in a brittle medium [J]. Journal of Structural Geology, 74: 81-104.

ROTEVATN A, JACKSON C A L, 2014. 3D structure and evolution of folds during normal fault dip linkage [J]. Journal of the Geological Society, 171 (6): 821-829.

SCHMOKER J, HALLEY R, 1982. Carbonate porosity versus depth: A predictable relation for South Florida [J]. AAPG Bulletin, 66 (12): 2561-2570.

SCLATER J, CHRISTIE P, 1980. Continental stretching: An explanation of the post-mid-Cretaceous subsidence of the central North Sea basin [J]. Journal of Geophysical Research, 85 (B7): 3711-3739.

SHELDON P, 1912. Some observations and experiments on joint planes [J]. The Journal of Geology, 20 (2): 53-79.

SHU L S, YAO J L, WANG B, et al., 2021. Neoproterozoic plate tectonic process and Phanerozoic geodynamic evolution of the South China Block [J]. Earth-Science Reviews, 216: 103596.

SUN Y H, LIU L, 2018. Structural evolution of thrust-related folds and associated fault systems in the eastern portion of the deep-water Niger Delta [J]. Marine and Petroleum Geology, 92: 285-307.

SUN Z, XU Z Y, SUN L T, et al., 2014. The mechanism of post-rift fault activities in Baiyun sag, Pearl River Mouth Basin [J]. Journal of Asian Earth Sciences, 89: 76-87.

SUN Z, ZHONG Z H, KEEP M, et al., 2009. 3D analogue modeling of the South China Sea: A discussion on breakup pattern [J]. Journal of Asian Earth Sciences, 34 (4): 544-556.

TANG L J, HUANG T Z, QIU H J, et al., 2014. Fault systems and their mechanisms of the formation and distribution of the Tarim Basin, NW China [J]. Journal of Earth Science, 25 (1): 169-182.

TINGAY M R P, MORLEY C K, HILLIS R R, et al., 2010. Present-day stress orientation in Thailand's basins [J]. Journal of Structural Geology, 32 (2): 235-248.

TONG D J, ZHANG J X, YANG H Z, et al., 2012. Fault system, deformation style and development mechanism of the Bachu uplift, Tarim Basin [J]. Journal of Earth Science, 23 (4): 529-541.

VASCONCELOS D L, BEZERRA F H R, MEDEIROS W E, et al., 2019. Basement fabric controls rift nucleation and postrift basin inversion in the continental margin of NE Brazil [J]. Tectonophysics, 751: 23-40.

VENDEVILLE B C, GE H X, JACKSON M P A, et al., 1995. Scale models of salt tectonics during basement-involved extension [J]. Petroleum Geoscience, 1: 179-183.

VINCENZO G D, ROSSETTI F, VITI C, et al., 2013. Constraining the timing of fault reactivation: Eocene coseismic slip along a late Ordovician ductile shear zone (northern Victoria Land, Antarctica) [J]. Journal of the Geological Society, 125 (3/4): 609-624.

WAGNER G A, GLEADOW A J, FITZGERALD P G, 1989. The significance of the partial annealing zone in apatite fission-track analysis: Projected track length measurements and uplift chronology of the transantarctic mountains [J]. Chemical Geology (Isotope Geoscience section), 79 (4): 295-305.

WANG R, SHI W Z, XIE X Y, et al., 2018. Boundary fault linkage and its effect on Upper Jurassic to Lower Cretaceous sedimentation in the Gudian half-graben, Songliao Basin, northeastern China [J]. Marine and Petroleum Geology, 98: 33-49.

WANG Y P, CHEN L Q, YANG G Y, et al., 2021. The late Paleoproterozoic to Mesoproterozoic rift system in the Ordos Basin and its tectonic implications: Insight from analyses of Bouguer gravity anomalies [J]. Precambrian Research, 352: 105964.

WEI C G, ZHOU J X, HE Y D, 2006. Sandbox experimental study on the influence of rock strength and gravity on formation of thrusts [J]. Journal of China University of Geosciences, 17 (1): 43-48.

WHITNEY B B, HENGESH J V, GILLAM D, 2016. Styles of neotectonic fault reactivation within a formerly extended continental margin, North West Shelf, Australia [J]. Tectonophysics, 686: 1-18.

WILLIS B T M, 1984. Comparison of different experimental techniques using the Rietveld method [J]. Acta Crystallographica, 40 (a1): C361-C361.

WITHJACK M O, CALLAWAY S, 2000. Active normal faulting beneath a salt layer: An experimental study of deformation patterns in the cover sequence [J]. AAPG Bulletin, 84 (5): 627-651.

XU Q H, SHI W Z, XIE X Y, et al., 2018. Inversion and propagation of the Late Paleozoic Porjianghaizi fault (North Ordos Basin, China): Controls on sedimentation and gas accumulations [J]. Marine and Petroleum Geology, 91: 706-722.

XU X M, DING Z F, SHI D N, et al., 2013. Receiver function analysis of crustal structure beneath the eastern Tibetan plateau [J]. Journal of Asian Earth Sciences. 73: 121-127.

XU Y G, HE B. 2007a. Thick, high-velocity crust in Emeishan large igneous province, SW China: Evidence for crustal growth by magmatic underplating or intraplating [J]. Geological Society of America Special Papers, 430: 841-858.

XU Y G, HE B, HUANG X L, et al., 2007b. Identification of mantle plumes in the Emeishan Large Igneous Province [J]. Episodes, 30 (1): 32-42.

YAN D P, ZHOU M F, SONG H L, et al., 2003. Origin and tectonic significance of a Mesozoic multi-layer over-thrust system within the Yangtze Block (South China) [J]. Tectonophysics, 361: 239-254.

ZHAO G C, GUO J H, 2012. Precambrian geology of China: Preface [J]. Precambrian Research,

222/223: 1-12.

ZHAO Y H, REN J Y, PANG X, et al. , 2018. Structural style, formation of low angle normal fault and its controls on the evolution of Baiyun Rift, northern margin of the South China Sea [J]. Marine and Petroleum Geology, 89: 687-700.

ZITELLINE N, ROVERE M, TERRINHA P, et al. , 2004. Neogene through quaternary tectonic reactivation of SW Iberian passive margin [J]. Pureand Applied Geophysics, 91: 54-73.